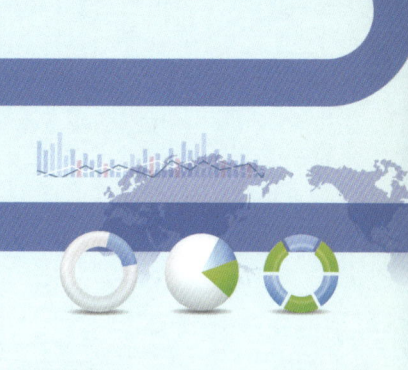

과학관의 이해

🌐 과학관 알기

공주대학교대학원 과학관학과

차 례 *Contents*

1. 과학관이란 _ 05
- 무엇인지
- 언제부터 생겨났는지
- 어떤 곳을 과학관이라 하는지 알아보자

2. 과학관에서는 무엇을 배울 수 있을까 _ 17
- 우리나라 과학관에서의 배움
- 미국 과학관에서의 배움에 대해 알아보자

3. 과학관에서는 누구와 소통할까 _ 43
- 관람객과 직접 소통하고 있는 이들을 알아보자

4. 과학관에서 과학과 놀기? _ 59
- 과학을 가지고 놀기 위해 과학관에는 어떤 전시물이 있는지 알아보자

5. 과학관과 함께하는 즐거움 _ 87
- 과학관에서의 다양한 행사를 알아보자

마치며.. _ 104

1. 과학관이란

- 무엇인지
- 언제부터 생겨났는지
- 어떤 곳을 과학관이라 하는지 알아보자

- 과학관은 무엇일까

주말이 되면 많은 사람들이 가족, 연인, 친구와 함께 쇼핑센터를 찾거나 유원지, 공원 등을 찾아간다. 그러나 대부분의 많은 사람들의 주말일정과 휴일 놀이 계획에서 박물관이나 과학관은 찾아보기 어렵다. 특히 과학관은 더더욱 그러하다. 과학관은 어렵다고 생각되는 과학을 다루기 때문에 재미도 없고 따분한 곳이라고 생각하기 때문일까. 아니면 과학관은 초등학생이나 중학생이 과학 공부를 하거나 과제를 해결하기 위해 방문하는 곳으로만 생각하기 때문일까. 과학관이란 정말 그런 장소일까. 답은 '전혀 그렇지 않다.' 이다. 과학관을 제대로 이해하고 잘 이용한다면 우리가 일반적으로 생각하는 그런 따분한 장소가 아니다. 지내는 시간이 짧게 느껴질 정도로 즐겁고, 많은 것을 배울 수 있는 유익한 장소라고 분명히 말하고 싶다.

그렇다면 과연 과학관은 어떤 곳일까? 박물관이 역사의 유물을 전시하고, 미술관이 예술작품을 전시하는 곳이라면 과학관은 과학관련 전시물들을 늘어놓은 곳일까? 과학관에는 과학관련 유물이나 과학원리를 알려주기 위한 전시물이 있기도 하지만 그 이외에도 훨씬 더 많은 것들이 있다. 그렇다면 정확히 무엇을 과학관이라고 하는 것일까?

세계의 많은 과학관들이 회원으로 가입되어 있는 세계과학관협회(ASTC:Association of Science-Technology Centers)에서는 "과학센터(Science Center)는 사람과 과학을 연결하는 장소이며, 모든 연령과 배경을 가진 사람들에게 과학에 대해 질문하고, 토의하고, 체험하는 기회를 제공하는 장소이다. 그리고 체험전시물을 만나고, 시범실험에 참여하며, 스카이쇼나 대형화면에 상영되는 영화를 보거나, 워크숍에 참여하거나, 생명윤리와 같은 최근의 이슈에 대한 토론에 참여할 수도 있다. 이 과정에서 평생학습의 즐거움을 경험할 수 있다. 또한 과학센터는 누구든지 환영한다. 과학센터는 자연세계에 대한 직접적인 체험과 직관력을 개발하는 기회를 제공하여 학생과 교사들에게 잊지 못할 견학지가 되고, 교육프로그램과 과학조립세트, 교사연수등을 통해 학교가 과학센터를 더욱 신뢰할 수 있게 한다. 그리고 과학센터는 호기심을 유발시키는 장소이며, 아름답고 신기하며 재미있는 전시물은 관람객으로 하여금 새로운 현상과 창의적 생각에 접근하도록 자극을 준다."라고 말하고 있다.[1]

외국에서는 박물관, 미술관, 과학관을 각각 역사박물관, 미술박물관, 과학박물관 등 모두 박물관(Museum)이라고 부fms다. 하지만, 우리나라에서는 박물관, 미술관, 과학관이라는 명칭을 사용하며 서로 다른 것처럼 이야기를 하고 있다. 그렇다면 우리나라에서는 과학관을 어떻게 설명하고 있을까.

과학관을 지원·육성하기 위해 제정된 <과학관육성법>에서는 "과학관이라 함은 과학기술 자료를 수집·조사·연구하여 이를 보존·전시하며, 각종 과학기술교육프로그램을 개설하여 과학기술지식을 보급하는 시설로서 과학기술자료·전문직원 등 등록요건을 갖춘 시설을 말한다."라고 명시하고 있다. 여기서 <과학 기술 자료>란 "기초과학·응용과학·산업기술·과학기술사 및 자연사에 관한 자료와 기타 대통령령이 정하는 자료로서 과학·기술에 관한 역사적·교육적 가치가

---

1) http://www.astc.org/

있는 것"을 말하며, <과학기술교육프로그램>이란 "과학기술지식의 보급을 위한 각종 경연, 실험·실습, 강좌·강연회, 영사회 및 체험·탐구·연구프로그램 등"을 말한다.2)

- 과학관은 언제부터 생겨났을까

외국에서 과학관을 대부분 과학박물관이라고 말하듯 과학관은 박물관에서 시작되었다. 박물관 역사에 관한자료는 쉽게 찾아 볼 수 있기에 여기에서는 일단 생략하고 과학박물관에서부터 이야기를 시작하자.

과학박물관은 16세기 이탈리아의 메디치 가문에서 아이디어를 얻은 프란시스 베이컨(F. Bacon)으로부터 시작되었다. 그는 저서 <뉴아틀란티스(New Atlantis)>에서 '참된 과학적 지식을 얻는 방법으로서의 실험'을 주장하면서 실험적 도구와 그 결과물을 모아 보관할 것을 제안하였고, 그의 아이디어는 곧바로 영국의 '호기심의 상자(cabinet of curiosities)', 독일의 '놀라운 방(Wonder-Room)'으로 나타났다. 개인적으로 시작됐던 이런 시설들이 대중에게 공개된 18세기 말부터 '과학박물관'이 생겨나게 되었다.

19세기 산업화와 세계 최초로 열린 영국 런던 대 박람회를 기점으로 세계박람회가 성행하면서 과학박물관, 과학관이 세계적으로 보편화되었다. 영국은 1851년 첫 박람회장인 수정궁에서 전시된 상품과 발명품들을 보존·전시하기 위해 사우스 켄싱턴 산업박물관을 만들었

---

2) 과학관육성법(제10766호, 시행 2011.6.7.)

고, 1876년 미국의 필라델피아 박람회에 전시된 전시물들은 스미소니언의 역사기술박물관으로 이어졌다.

1960년대 이후에는 직접 만지고, 작동시키는 전시물을 통해 과학을 체험하는 과학센터(Science Center)가 등장했다. 1969년에 문을 연 미국 샌프란시스코의 익스플로라토리움(Exploratorium)-'경험의 공간'이라는 의미-은 과학관의 역사에 가장 큰 전환점이 되었다. 익스플로라토리움은 직접 보고, 느끼고, 만질 수 있는 핸즈-온(Hands-On) 과학관으로 전시물을 눈으로만 보는 기존의 박물관의 개념에서 벗어난 새로운 개념의 과학관이었다. 1980년대에 과학센터가 유럽에 전파되면서 런던과학박물관은 론치 패드 갤러리(Launch Pad Gallery)를 개관하였고, 파리에는 라빌레트 산업과학관이 문을 열었으며, 영국 브리스톨에는 익스플로라토리(Exploratory)라는 과학관이 개관하였다.

하지만 과학박물관은 관람객과 전시물 간의 상호작용이 부족하였고, 과학센터는 역사적인 측면에서 전시물의 의미를 파악하는 것이 용이하지 않았다. 그래서 1980년대 이후부터 지금까지 과학박물관과 과학센터의 한계를 보완하면서 장점을 살린 종합과학관 설립이 시도되고 있다.

그럼 우리나라의 시초는?

우리나라 과학관의 시초는 은사기념과학관이다. 1925년 대정천황의 결혼 25주년을 맞이하여 사회교육을 장려하라는 미명하에 일본 천황의 은사금(恩賜金)이 조선총독부에 보내지고 이를 기념하기 위해 과학박물관을 건립하게 되었다. 은사기념과학관은 일제 강점기에 지어진 과학관으로 사회지배체제를 강화하기 위한 수단으로 사용되었다. 은사기념과학관은 6·25 전쟁 때 완전히 소실되어 현재는 흔적을 찾아볼 수 없다.

은사기념과학관이 소실된 후 국내에서는 과학관이 잠시 사라졌다가 1960년에 서울시 종로구 와룡동 현 국립서울과학관 부지가 확정되었다. 하지만 본관 건물이 완성되기까지 8차례의 증축공사가 있었고, 건립까지는 10년이 걸렸다. 1972년 박정희 전 대통령 내외가 방문한 가운데 정식으로 국립과학관이 출범하게 되었다. 1973년 박정희 전 대통령은 연두기자회견에서 '전 국민의 과학화운동'을 제창하였고, 그해 3월 전주에서 열린 '전국교육자대회'에서는 전국적으로 1개 시·도에 1개의 과학관이나 어린이회관을 건립하도록 지시하였다. 이에 1974년 8월 전라남도 학생과학관을 시작으로 16개 시·도에 학생과학관이 개관하게 되었다.

1980년대에 들어서면서 과학기술의 중요성이 더욱 강조되고, 기술선진화에 괄목할 만한 성장을 이루게 되면서 과학기술의 과거·현재·미래를 한눈에 볼 수 있는 국제적 수준의 과학관을 건립하자는 여론이 형성되어 1990년 국립중앙과학관이 대전의 대덕연구단지 내에 개관하게 되었다. 1990년대 이후 서울과학관의 관람객 비율이 매년 증가하면서 협소한 부지, 노후화된 시설로 인해 관람객 수용의 한계에 도달하면서 2001년 제34회 과학의 날 행사에서 김대중 전 대통령의 수도권 과학관 건설에 대한 의지표명으로 수도권에 국립과학관 건립 사업이 본격 착수되고, 2008년 11월 국립과천과학관이 개관하게 되었다.

– 어떤 곳을 과학관이라고 할까?

과학관은 전시물의 종류에 따라서 세 가지로 나눌 수 있다. 첫째, 인류의 역사를 통해 나타난 위대한 과학적·기술적·산업적 발전과 진보의 역사를 발명품과 기기를 통해 보여주는 과학박물관이다. 과학박물관은 과학기술의 역사를 보여주기 위한 중요한 견본을 수집하고 보존, 전시하여 관람객들에게 정보를 제공하는 과학-산업박물관과 동물학, 식물학, 지질학, 인류학의 표본들과 정보를 제공하는 자연사박물관으로 분류할 수 있다.

그림 1 자연사박물관 : 서대문 자연사박물관

그림 2 과학산업박물관: 도요타 테크노뮤지엄-산업기술기념관(나고야)

서구의 선진국의 큰 도시 들에는 대형과학관이 적어도 두 곳 정도가 있는데 하나는 과학-산업박물관이고, 나머지 하나는 자연사박물관이다. 예를 들어, 미국 시카고에는 자연사박물관인 필드뮤지엄(Field Museum of Natural History)과 과학-산업박물관(Museum of Science and Industry)이 있고, 영국 런던에는 영국 자연사 박물관 (British Museum of Natural History)과 런던 과학박물관(London Science Museum) 등이 있다. 국내의 과학-산업박물관에는 철도박물관, 신문박물관, 전기박물관, 영화박물관 등이 있고, 자연사박물관에는 서대문자연사박물관, 우석헌자연사박물관, 목포자연사박물관, 각 대학 소속의 자연사박물관 등이 있다.

둘째, 전시물을 직접 만져보고 작동해보는 과학센터(Science Center)

가 있다. 과학센터는 전시품보다는 교육을 강조하고, 주입식 교육보다는 상호작용과 조작을 통한 창의적 교육을 선호하며, 지역의 레저·관광 산업 등 지역 공동체와 유대를 맺고 이를 강화하며, 어린 아이들의 참여를 유도한다. 그리고 편안하고 개방적인 공간을 제공한다.

과학센터의 대표적인 사례는 미국 샌프란시스코에 있는 익스플로라토리움이며, 호주의 퀘스타콘(Questacon), 미국의 보스턴과학관, 파리의 라빌레뜨산업과학관, 일본의 나고야시립과학관 등이 있다. 국내에서는 '지방 과학문화시설 확충사업'의 일환으로 각 지방에서 건립되고 있는 테마과학관들이 여기에 속하는데 장영실과학관, 울산과학관, 구미과학관 등이 그것이다.

그림 3 과학센터: 익스플라토리움(샌프란시스코)

그림 4 테마과학관: 울산과학관

그림 5 종합과학관: 국립중앙과학관 체험전시물

그림 6 종합과학관: 국립중앙과학관 일반전시물

셋째, 과학박물관과 과학센터의 기능을 모두 가지고 있는 종합과학관이다. 영국의 런던 과학박물관이 대표적인 종합과학관이며, 우리나라에는 국립중앙과학관과 국립과천과학관이 대표적인 종합과학관이다.

과학관은 과학에 대한 대중의 이해를 높이기 위한 목표를 이루기 위해 많은 일들을 하고 있다. 일반인에게 어렵다고 생각되는 과학의 원리를 쉽게 설명하기 위해서 전시물을 활용하거나 다양한 프로그램을 개발하여 교육을 하고 있다. 그리고 관람객과 과학자와의 만남을 주선하기도 한다. 그들의 이야기를 직접 듣고 질문도 하는 양방향 소통을 통해 궁금증을 해소하기도 하고 전문가와 과학기술 간의 거리를 줄여준다. 또한, 새로운 기술로 만들어진 제품이나 일반인이 쉽게 접하기 힘든 연구 성과물을 전시하여 과학기술에 대한 거리감을 좁혀 주기도 한다. 근래에는 다른 곳에서는 접할 수 없는 한정된 지역에 관계된 산업이 있는 경우 그 원리의 과학적 이해를 돕기 위한 전시나 강연회를 그 지역주민과 함께 진행하기도 한다. 많은 지방의 공립과학관들이 그 지역의 환경이나 산업을 다루고 있으며, 2013년 개관을 앞둔 국립대구과학관과 국립광주과학관이 그 지역의 대표산업인 섬유와 광학을 다루고 있는 것이 그 예이다.

위에 나열한 것 외에도 과학관은 일반인들이 과학을 어렵다고 생각하는 것을 줄이고 과학에 흥미와 관심을 가질 수 있도록 많은 사업을 하고 있다. 자세한 내용은 다음 장에서 다루기로 하겠다.

2. 과학관에서는 무엇을 배울 수 있을까

- 우리나라 과학관에서의 배움
- 미국 과학관에서의 배움에 대해 알아보자

과학관을 방문했을 때 우리는 무엇을 배우는 것일까? 그리고 무엇을 배우는지 어떻게 알 수 있을까? "배운다는 것", 즉 "학습"이라는 것은 조용히 앉아서 책을 읽고 열심히 써가면서 무언가를 외우는 모습을 생각하기 쉽다. 그러나 최근에는 "배운다는 것"은 무엇인가에 관심이 생겨 열정적인 호기심을 가지고 '일어나는 현상'이라는 연구 결과를 다수 볼 수 있다. 이들 연구에서는 학교 밖에서 일어나는 배움 즉, "비형식학습"에 훨씬 더 부가가치를 두고 있다.

과학관 전시실에서 만나게 되는 어린이들은 쉴 새 없이 떠들고 뛰어다니며 소란을 피우는 모습을 보여준다. 이런 현상은 보호자나 선생님의 엄격한 통제 하에서도 어쩔 수 없이 일어나는 일이지만 그다지 크게 걱정할 필요가 없는 문제이다. 연구자들에 의하면 아이들은 떠들고 뛰어다니면서 전시물에 대해 의견을 교환하고, 관심사를 찾고 있으며, 자신의 머릿속에서 전시물에 대한 관심도에 따라 지도를 그리며 자신만의 과학세계를 만들고 있다고 한다. 그리고 대부분의 어린이들은 자신이 가장 관심 있어 하는 전시물 앞에 다시 돌아옴으로써 그들의 마라톤을 끝내는 경향이 있는 것으로 조사되고 있다. 즉 실제로 직접 보고 체험하는 것이 얼마나 아이들에게 생생한 학습을 일으키는지를 말해주고 있는 것이다.

이러한 비형식학습의 주체적인 역할을 하고 있는 과학관 또한 그 고유기능 중 가장 중요한 요소가 바로 교육이다. 과학관에서는 어린 아이에서부터 어른에 이르기까지 다양한 교육적 활동을 실시하여 국민의 과학적 소양 함양에 많은 노력을 기울이고 있다. 최근 들어 우리나라 정부에서도 학교 밖 창의체험활동에 무게를 더함에 따라 과학관은 매우 다양한 교육과정을 개발하고 수준 높은 교육자들을 선발하여 운영하고 있다.

그러면 우리나라와 미국의 과학관에는 어떤 형태의 "배움"들이 우리를 기다리고 있는지 알아보자. 먼저 우리나라의 경우, 주변 관광명소와 대덕연구단지기 함께 있어 들러보기 쉬운 대전의 국립중앙과학관과 서울대공원과 현대 미술관등이 있어 쉽게 방문할 기회가 많은 국립과천과학관에서 실시되고 있는 다양한 교육프로그램을 알아보고, 미국의 경우 세계적인 관광지이면서 유명한 과학관이 있는 샌프란시스코, 샌디에이고, 마이애미의 과학센터에서는 어떤 교육이 어떻게 이루어지고 있는지 살펴보기로 하자.

우리나라의 과학관을 살펴볼 때는 내가 탐구하고 싶은 분야의 상설프로그램이나 주말에 해볼 수 있는 프로그램을 인터넷 홈페이지를 통해 찾아보는 것도 좋을 것이며, 혹시 미국이나 외국의 도시를 방문할 기회가 있다면 대도시의 과학관에는 언제나 충분히 즐길 거리가 다양하므로 미국의 경우를 참고하여 미리 인터넷으로 검색하고 방문한다면 더 많은 것을 보고 즐길 수가 있을 것이다.

1) 우리나라 과학관에서의 배움

국립중앙과학관 (http://www.science.go.kr)

그림 7 국립중앙과학관 배치도

국립중앙과학관은 우리나라 과학기술의 심장인 대덕연구개발특구에 위치하고 있으며 과학전시관, 캠프관 등 관내 체험시설과 대덕연구단지의 인프라를 활용하는 등 명실 공히 우리나라의 과학관을 대표하는 중심과학관이다. 최근 첨단전시물을 자랑하는 창의나래관을 새로 개관하였으며, 과학캠프관 및 창의과학실험실의 시설과 장비를 국내 최고 수준으로 끌어 올리는 등 학생들의 창의체험활동을 돕기 위한 최선의 노력을 하고 있다. 국립중앙과학관에서는 학생들을 대상으로 운영되고 있는 창의과학교실, 새싹과학교실, 방학 과학교실,

주말과학창의체험동산, 로봇제작실험실, 그리고 주말 외부교육프로그램이 있다. 각 프로그램의 교육내용을 살펴보고 학기 중이나 주말 혹은 방학에 유용하게 활용할 수 있는 프로그램이 있는지 살펴보자.

과학캠프

대전광역시에는 '한국의 실리콘밸리' 라고도 불리는 대덕연구단지가 있다. 그리고 그 안에는 카이스트 (한국과학기술원, KAIST)가 있다. 국립중앙과학관의 과학캠프는 기본부터 확실한 실력을 갖춘 카이스트의 재학생들이 팀별 멘토링을 하고 있으며, 팀별 과학프로젝트, 사이언스페스티벌, 사이언스 페어 분야별 과학특강, 과학실험 등을 실시하고 있다. 이 과학캠프는 창의적 인재육성을 목표로 하는 초등 4학년에서 중등 2학년까지의 10대 학생들이 참가할 수 있으며 인터넷 홈페이지에서 온라인 신청을 통해 선착순으로 신청을 받고 있는데 항상 매진 행렬이 이어질 만큼 가장 인기가 높은 청소년 과학캠프이다.

그림 8 수업풍경: 국립중앙과학관

방학특강 과학교실

과학적 탐구심을 배양하고 창의력을 계발하기 위해 학교에서는 하기 어려운 실험실습과 전시물을 활용한 방학특강 창의과학교실이 있다. 7세에서부터 중2학년까지의 각 과정이 4회에 걸친 특강형태로 이루어진 프로그램으로, 학생들이 시간적인 여유가 있는 방학 때마다 정기적으로 실시되고 있다. 이 또한 경쟁률이 높아 관심이 있다면 미리 홈페이지를 꼼꼼하게 챙겨보는 것이 좋다.

창의과학교실

평소에 학교에서 하기 어려운 다양한 기자재와 전시물을 이용한 실험실습위주의 탐구학습으로 미래의 창의적 인재를 길러내는데 목적을 두고 있으며 2009 개정 교육과정의 필수항목인 창의체험활동이 필요한 전국의 초·중·고교 및 과학 동아리 단위의 단체들이 많이 참여하는 프로그램이다. 전문성과 실력을 갖춘 교사들과 전시물관련 다양한 첨단 과학내용을 바탕으로 한 탐구실험지도는 학생들과 학교 교사들의 두터운 신임을 받고 있다.

새싹과학교실

국립중앙과학관에서는 6~7세 유치원 (1교실 당 20명, 최소 진행인원 15명) 아이들의 눈높이에 맞춘 과학실험으로 매년 좋은 평가를 받고 있다. 새싹과학교실은 2012년 하반기부터 만5세 누리과정이 반영된 참신한 과학실험 프로그램으로 매회 거듭나고 있는 역사와 전통을 자랑하는 훌륭한 프로그램이다.

주말과학창의체험동산

주말을 이용하여 운영되고 있는 창의체험교실은 화학과 물리 등을 테마로 현직 교사들이 집중교육을 실시한다. 초등학교 저학년과 고학년을 나누어 진행하는 프로그램으로 학생이 관심 있는 수업을 직접 선택할 수 있다. 이 역시 높은 경쟁률 때문에 미리 홈페이지를 눈여겨 보아야하며, 이 수업을 수료할 경우 해당 분야에 대한 전반적인 이해에 많은 도움을 얻을 수 있다.

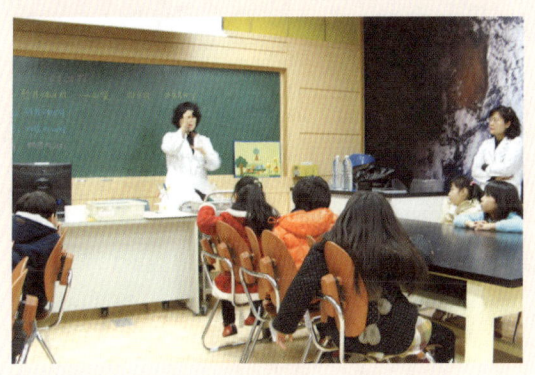

그림 9 새싹과학교실 수업풍경: 국립중앙과학관

로봇제작실험실

과학적 창의력과 집중력을 키울 수 있는 STEAM형 블록을 활용한 로봇제작실험실은 초등학교 전 학년을 대상으로 12주간 운영되며, 휴보와 키보를 매주 접하면서 로봇에 대한 모든 것을 자세하고 재미있게 배울 수 있는 좋은 기회가 되는 프로그램이다.

주말외부대관교육

주중이나 토요일에 너무 바빠 과학관교육을 활용할 수 없을 때는 일요일에 운영되는 레고조립교실, 해보는과학(DoingScience), 과학박사아카데미, 로봇아카데미, D.I.Y오믹시스 과학교실, A+꼬마과학자교실, NXT 로봇교육 등의 외부대관교육프로그램들에 참가하는 방법도 있으니 홈페이지를 참고하면 자세히 알아볼 수 있다.

프로그램	목적 및 내용	신청방법 및 접수기간	대상	참가비
과학 캠프	카이스트 재학생 멘토링 팀별 과학프로젝트, 사이언스 페스티벌, 사이언스 페어 분야별 과학특강, 과학실험	www.science.go.kr에서 온라인 지원/ 선착순	초4~중2	180,000원 (기수에 따라 다를 수 있음)
방학 과학 교실	과학적 탐구심을 배양하고 창의력을 계발하기 위해서 학교에서는 하기 힘든 실험실습과 전시물을 활용한 창의과학교실 운영	홈페이지를 통한 온라인 접수 /선착순	7세 ~ 중1 국립중앙 과학관 유/무료회원	30,000원 ~ 40,000원 수업 시 필요 재료비에 따라 상이
창의 과학 교실	평소에 학교에서 하기 어려운 다양한 기자재와 전시물을 이용한 실험실습위주의 학습으로 미래의 창의적 인재를 길러내는데 기여함	전화문의 후 신청서 작성 e-mail접수 (042-601-7948,7945,nsmscience@hanmail.net)	초·중·고 학교 및 동아리 단위 단체교육	90분(5,000원), 120분(7,000원), 150분(10,000원)
새싹 과학 교실	만5세 누리과정을 반영한 참신한 과학실험프로그램	전화상담 후 신청서 FAX접수 042-601-7945,	7세 유치원 1교실당	1인당 3,000원

프로그램	목적 및 내용	신청방법 및 접수기간	대상	참가비
		7948	20명(최소 진행인원 15명)	
주말과학창의 체험동산	주말을 이용한 창의체험교실을 운영	홈페이지를 통한 온라인 접수 /선착순 www.science.go.kr	초등학교 1~6학년	50,000원 (4회/1기)
로봇제작 실험실	과학적 창의력과 집중력을 키울 수 있는 STEAM형 블록을 활용한 로봇제작 실험실을 운영	홈페이지를 통한 온라인 접수 /선착순 www.science.go.kr	초등학교 1~6학년	20명(1반) / 60,000원/3개월(교구비 90,000원 별도)

국립과천과학관 (http://www.sciencecenter.go.kr)

우리나라 최대 규모를 자랑하고 있는 국립과천과학관은 그 명성답게 매우 다양한 형태의 과학프로그램을 운영하여 '과학창의력발전소'라는 이름에 걸맞은 활약을 보여주고 있다. 국립과천과학관에서 이루어지고 있는 수십 가지가 넘는 교육 프로그램을 알아보고 내가 탐구하고 싶고 배우고 싶은 맞춤형 과학교육프로그램을 찾아보는 것이 좋다. 국립과천과학관의 교육 프로그램은 아주 많고 다양하므로 안내에 따라 홈페이지를 꼼꼼하게 살펴보자.

과학탐구프로그램

과학탐구프로그램은 유치원 및 초등학생을 대상으로 하는 과학실험 및 체험활동, 개별 또는 팀 프로젝트형, 자기주도문제해결과정 등 15개의 프로그램으로 구성되어있다. 상상력, 창의력, 탐구력을 길러주며 전문성을 갖춘 다양한 강사들로부터 학교수업에서 부족한 과학실험 및 체험기회를 제공받고, 학교 교육과정과 과학관 전시물을 연계한 과학관만의 특성화된 교육을 접할 수 있다.

과학체험활동

▶ 자유탐구학습

과학관의 전시물은 좋은 자유탐구 소재와 주제이다. 이에 학생들이 전시물을 보고 생긴 궁금증과 호기심을 가지고 탐구의 전 과정(탐구주제 탐색 및 선정→계획서 작성→탐구과제 수행→보고서 작성)을 자기 주도적으로 수행해 나갈 수 있도록 안내하는 활동지가 마련되어 있으며, 자유탐구 전담강사들이 활동 단계를 따라 체계적으로 멘토링 지도를 해 주는 알찬 프로그램으로 이루어져 있다. 초등학교 3학년에서 고등학교 1학년(단체 또는 개인)까지 참여가 가능하며 초등부 46개 주제, 중·고등부 52개 주제를 가지고 다양한 형태의 학습이 이루어지고 있다.

▶ 전시물집중탐구

전시물 집중탐구 프로그램은 학급, 동아리 등 20~40명 규모의 단체를 위한 과학관 전시물을 활용한 창의적 체험활동 지원 교육프로그램이다. 하나의 과학 주제를 선택하여 과학관 전시물을 집중적으로 탐구하고 체험활동을 통해 지식을 자연스럽게 습득 할 수 있도록 구성하였으며, 관련 탐구실험 활동은 20개 주제 중 선택한다.

▶ **과학융합체험학습**

 국립과천과학관은 교육과학기술부의 융합인재교육(STEAM) 정책에 따라 2012년부터 과학융합체험학습프로그램을 운영하고 있다. 창의적 융합인재 양성을 위한 과학예술융합교육은 현재는 일부 학교에만 시범운영 중이나 2014년까지 단계적 확대 실시되어 모든 학교에 적용될 예정이다. 과천과학관의 첨단 전시시설과 과학문화공연시설을 과학, 첨단기술, 공학, 인문예술, 수학(STEAM) 교육 기반으로 활용할 수 있도록 전시공연 관람 체험 및 실험제작활동을 연계한 18가지 활동주제와 수업을 지도할 전문가 수준의 전담강사들이 있어 체계적으로 STEAM 수업 지도를 받을 수 있다. 이 프로그램은 초등학생, 중학생, 고등학생 20~40명의 소규모 단체를 대상으로 하고 있다.

그림 10 수업풍경: 국립과천과학관

▸ 과학창의LAB

국립과천과학관의 실험실을 활용하여 비판적 이해를 통한 문제인식부터 해결까지 자기 주도적 탐구와 체험활동을 할 수 있는 실험시설과 분야별 전문가의 멘토링을 받으면서 과학기술의 소통, 교구나 전시품 등의 아이디어를 개발하는 동아리 활동 지원프로그램으로 주말과 방학 중 수도권 중, 고등학교 30개 동아리 팀을 선발하여 운영한다. 이 밖에도 중·고등 청소년을 위한 이공계진로탐구프로그램도 있다.

천문프로그램

천문프로그램으로는 천체투영관과 천체관측소가 있으며 각각의 특징은 다음과 같다.

▸ 천체투영관

천체투영관은 하늘의 별과 별자리에 얽힌 이야기, 태양계 행성들의 모습, 우주의 탄생과 진화 등 신비한 천문현상들을 전문가의 설명과 함께 감상하는 곳이다. 자세한 프로그램은 홈페이지에 게시되어 있으므로 숙지하여 참가하면 잊지 못할 우주의 신비를 선물로 받을 수 있을 것이다.

▸ 천체관측소

직경 1미터 대형 천체망원경, 태양망원경, 중소형망원경, 전파망원경 등 뛰어난 성능의 관측 장비를 통해 천체관측을 할 수 있는 값진 경험을 할 수 있는 곳으로 인터넷 예약이 필요하므로 반드시 홈페이지를 자세히 본 후에 방문하는 것이 좋다.

그림 11 천체관측소: 국립과천과학관

프로그램	목적 및 내용	신청방법 및 접수기간	대상	참가비
과학 탐구 프로그램	과학실험 및 체험활동, 개별체험 또는 팀 프로젝트 프로그램이 상상력, 창의력, 탐구심을 길러준다. 3개월과정, 80%이상 이수자 수료증발급	과학관 홈페이지 분기별 선착순 (개강 1개월 전 홈페이지 공지)	유치원생, 초등학생	홈페이지참조
자유 탐구 학습	과천과학관의 전시물을 활용 탐구의 전 과정 (탐구주제 탐색 및 선정→계획서 작성→탐구과제 수행→보고서 작성)을 자기 주도적으로 수행해 나가는 능력함양	과학관 홈페이지 분기별 선착순 접수	초등학교 3학년~ 고등학교 1학년(단체 또는 개인)	1인당 기초과정 5천원, 심화1 과정 5천원, 심화2 과정 1만원, 특별과정 수시 책정
전시물 집중 탐구	POS프로그램은 학급, 동아리 등 20~40명 규모의 단체를 위한 국립과천과학관 활용 창의적 체험활동 지원 교육프로그램	과학관 홈페이지	초, 중, 고등학생 20~40명 소규모 단체	10,000원/명(한 주제당, 전시관 입장료 별도)
과학 융합 체험 학습	과천과학관의 첨단 전시시설과 과학문화공연시설을 과학, 첨단기술, 공학, 인문예술, 수학(STEAM) 교육 기반으로 활용할 수 있도록 전시공연 관람 체험 및 실험제작활동을 연계한 18가지 활동주제를 개발 운영	과학관 홈페이지	초, 중, 고등학생 20~40명 소규모 단체	1인당 반일형(1개 주제) 1만원, 1일형(2개 주제) 2만원/1인 (과학관 입장료는 별도)

프로그램	목적 및 내용	신청방법 및 접수기간	대상	참가비
과학창의 LAB	주말과 방학 중 청소년 과학동아리가 국립과천과학관의 실험실을 활용하여 비판적 이해를 통한 문제인식부터 해결까지 자기주도적 탐구와 체험활동을 할 수 있는 실험시설과 분야별 전문가의 멘토를 지원	과학기술 소통 아이디어(교구, 전시품 등)개발으로 선발	수도권 중, 고등학교 30개 팀 선발하여 동아리 활동지원	
천체투영관	천체투영관은 하늘의 별과 별자리에 얽힌 이야기, 태양계 행성들의 모습, 우주의 탄생과 진화 등 신비한 천문현상들을 전문가의 설명과 함께 감상하는 곳	현장구매 및 인터넷 구매예약가능(프로그램 사정에 따라 달라질 수 있으므로 홈페이지확인)	5세 이상 (인터넷 예매 150석 현장예매 120석)	어린이/1000원 어른/2000원
천체관측소	직경 1미터 대형 천체망원경, 태양망원경, 중소형망원경, 전파망원경 등 뛰어난 성능의 관측 장비를 통해 천체관측실습을 할 수 있음	낮프로그램 인터넷 예약 10명 + 현장 예약 10명 밤프로그램 천체관측소 홈페이지	초등이상	낮/ 무료 밤/10000원

2) 미국 과학관에서의 배움

과학관이 잘 발달 된 곳이라면 선진국 중에서도 단연 돋보이는 미국이 있다. 미국은 과학관 수가 자그마치 1,950개 정도로 인구대비 13만 명 당 1개관이 있는 셈이다. 이 중에서 지금의 체험위주의 과학체험관(SCIENCE CENTER)의 시초라고 해도 과언이 아닌 대표적인 과학관이 바로 샌프란시스코에 있는 익스플로라토리움 (EXPLORATORIUM)이며, 그 내용과 구성이 세계과학관의 교과서라고 불려도 무색하지 않을 만큼 유명한 곳이다. 이러한 익스플로라토리움에서 무엇을 어떻게 가르치고 있는지 알아보자. 그리고 미국의 휴양지로 유명한 플로리다주의 마이애미에 위치한 마이애미 과학관(Miami science museum)에서는 지역사회에 공헌하기위한 교육을 실시하고 있는데 어떤 것들이 주로 있는지 알아보자. 그리고 세계 제일의 규모와 품격을 자랑하는 샌디에이고 동물원(Sandiego Zoo)이 있으며, 모래와 해안이 너무 아름다운 항구 도시로 유명한 샌디에이고의 루벤 에이치 플릿 과학센터(Reuben H. Fleet Science Center)의 교육프로그램은 어떻게 이루어지고 알아보자.

익스플로라토리움(EXPLORATORIUM: http://www.exploratorium.edu)

샌프란시스코에는 이 도시를 방문하는 사람들에게 반드시 추천한다는 40년 전통을 자랑하는 익스플로라토리움이 있다. 1969년 오펜하이머 (Frank Oppenheimer) 박사에 의해 설립된 세계 최초의 체험형(hands- on)과학관인 익스플로라토리움은 마치 거대한 창고를 연상하는 건물 안에 체험형전시물들이 꽉 들어차있어 하루 종일 그 곳에 있어도 시간이 모자랄 정도로 넓고 체험꺼리가 많다. 더구나 그 모든 전시물들을 직접 만들고 있는 "workshop"이라는 공장을 들여다보는 재미도 무척 쏠쏠하다. 과학관의 전시물 내용이나 운영 면에 있어 전 세계 과학센터의 교과서라고 불리는 익스플로라토리움의 방대한 교육내용 중 일부를 살펴보기로 하자.

그림 12 익스플로라토리움 외관

단체견학 (School Field Trip)

교사의 인솔 하에 과학관을 방문하면 해설사 (School Field Trip Explainer)들의 지도를 받아 전시물을 관람하면서 교육을 받는다.

그룹(Groups & Parties)방문

내국인이든 외국인이든 10명 이상의 그룹을 만들어서 미리 예약하고 방문하면 주차비와 그룹리더의 입장료 면제의 혜택을 받고 점심식사에 특별메뉴를 제공받을 수 있다.

그림 13 익스플로라토리움: 학교단체 견학생들과 해설사 모습

그림 14 익스플로라토리움: 여학생SCIENCE ENGINEERING 교실에서 실험중인 교사와 과학자, 학생들

그림 15 익스플로라토리움: 교육재료

방학특별교육프로그램운영

방학기간 동안에는 여학생들을 위한 과학공학 (science engineering) 교실 등의 실험교실을 열어 지역사회의 과학자들을 자원봉사로 초청, 과학관의 교사들과 함께 교육을 하기도 한다.

전시관 곳곳의 교육활동

입구 안내 팜플렛이나 게시물을 자세히 보면, 주제 별로 나누어진 전시관 곳곳에 실험 교육활동에 대한 내용과 시간이 자세히 안내되어있으므로 관심 있는 주제관에 가서 실험이나 시연을 충분히 즐길 수 있다.

마이애미과학관(Miami science museum: www.miamisci.org)

유명한 관광지인 플로리다주 마이애미에 위치한 마이애미과학관은 청소년 교육프로그램 (Youth Programs)이 특징이다. 저소득층 청소년에 초점을 둔 프로그램으로 의사소통 및 대인 관계 능력과 자신감 향상, 기술 훈련, 멘토링, 학업 신장에 목적을 두고 있다. 과학관의 이러한 접근 방식은 대학 및 취업 성공 사례 등의 긍정적인 결과를 볼 때 좋은 효과가 거두고 있음을 알 수 있다. 학생들에게 미래를 계획하는 새로운 방법을 제시하는 청소년 프로그램을 알아보고 일반인들도 즐길 수 있는 교육프로그램도 알아보자.

그림 16 마이애미과학관 외관

통합 해양 프로그램과 컴퓨터 훈련
(Upward Bound IMPACT: Integrated Marine Program And Computer Training)

미 교육부의 재정 지원으로 저소득층 학생들이 과학, 수학, 기술 관련 분야의 학사 학위를 받기위해 필요한 중등과정의 학습을 돕기 위한 프로그램이다

디지털 웨이브 (Digital WAVE: Warming Winds and Water)

디지털 웨이브 프로그램은 국립과학제단(National Science Foundation ITEST)의 재정지원을 받아 미국 플로리다주 마이애미에 있는 RSMAS(Rosenstiel School of Marine and Atmospheric Science) 와 MDC(Miami Dade College) 두 학교가 공동으로 실시하고 있다. 대상은 STEM 교육을 접하지 못한 중3~고2 학생들 이다. 학기 중 토요일에는 MDC 디자인 스튜디오 에서 3D 그래픽 디자인과 컴퓨터 애니메이션 기술을 익히고, 여름 학기에 참가하여 가상현실 전시물을 만드는 경험자들과 협력하여 남부플로리다의 역동적인 기후변화에 초점을 맞춘 과학적인 시뮬레이션을 만든다. 학생들은 산호초가 탈색되는 것이나 허리케인, 해수면 변화 같은 주제를 탐구하는데 RSMAS의 과학자들로부터 도움을 받으며 현재 진행되고 있는 연구를 맛보기도 한다. 이렇게 해서 만들어진 시뮬레이션은 두 번째 삶(Second Life,SL) 으로 알려진 가상현실 환경에 적용되어 전 세계 수천 명의 학생들의 교육 자료로 활용되고 있다.

가상세계탐험 (Youth EXPO: Exploring the Potential of Virtual Worlds)

NASA고다드 연구소 (Goddard Institute for Space Studies)와

NASA학습기술 (NASA Learning Technologies) 의 도움으로 마이애미 과학관에서는 SL(가상현실,Second Life)에서 기후 변화에 상호 작용하는 시뮬레이션을 개발하고 있다. 시뮬레이션은 NASA의 원격 감지 데이터와 기후 모델의 결과로 지구의 3D 이미지를 만든다. 가상의 방문객이 여러 변수를 바꿔보면 그로 인해 발생 가능한 기후 변화를 체험할 수 있다. 마이애미 과학관의 청소년 프로그램에 참여하는 고등학생과 마이애미-데이드지역의 공립 학교 과학, 공학, 수학 및 우주 항공 아카데미의 학생들이 시뮬레이션의 평가자와 테스터 역할을 한다.

스파이스: 창의적전시물개발을 위한 과학프로그램
(SPICE: Science Program Inspiring Creative Exhibits)

중학교 여학생들을 대상으로 방과 후 및 여름방학에 실시하는 것으로 다음세대의 다양한 여성 과학자들을 육성하기 위한 프로그램이다.

학생의 90% 이상이 급식비 지원을 받는 찰스 드류 중학교에서 선택된 44명의 여학생들은 한 달에 두 번 방과 후에 만나고, 3주짜리 여름학교에 다니게 되는데 여기서 소그룹으로 나뉘어 상호작용이 가능한 과학관 전시물을 만든다. 이 프로그램에서 여중생들이 관심 있는 과학 분야에 관계된 전시물을 직접 디자인 해 봄으로 과학에 관심을 더 갖도록 해준다. SPICE는 소녀들의 과학에 대한 관심, 자긍심, 과학기술의 사용 및 커뮤니케이션 기술의 함양을 지원한다.

게코: 여학생 과학기술 경진대회 (GECO: Girls Engineering Competition Open)

여중생들의 과학과 엔지니어링에 대한 관심을 높이고자하는 목적으로 만들어진 것으로 과학관에서 120명의 여학생과 그들의 교사를 대상으로 마이애미대학에서 파견된 4명의 여대생 멘토와 과학관직원이 엔지니어링 훈련 워크숍을 운영한다. 하루 동안의 엔지니어링 챌린지와 과학관에서의 가족의 날 행사로 프로젝트는 끝나게 된다. 이 프로그램은 교사들에게 과학교육에서 양성평등을 더 잘 알게 해주고 여학생 부모들로 하여금 딸의 과학과 기술 분야에 대한 열망을 지원해 주도록 하는 효과도 있다.

일반 방문객을 위한 Shows & Demos

일반 방문객을 위한 Shows & Demos도 각 전시관 별로 시간대에 따라 일정이 빼곡하게 잡혀 있으므로 결코 지겨울 일은 없을 것이다.

그림 17 마이애미과학관: Shows & Demos

루벤 에이치 플릿 과학센터
(Reuben H. Fleet Science Center http://www.rhfleet.org/)

그림 18 루벤에이치플릿 과학센터 외관

아름다운 해변과 동물원으로 유명한 샌디에이고의 관광명소인발보아파크 (Balboa Park) 안에는 루벤 에이치 플릿 과학센터(Reuben H. Fleet Science Center)가 있다. 규모가 그리 크지 않지만 평소 샌디에이고 시민들과 관광객들의 발길이 끊이지 않고 있다. 이곳의 교육프로그램은 일일이 모두 다 소개하기 어려울 만큼 매우 다양하므로 기본적으로 누구나 참가 할 수 있는 교육프로그램에 대해서 알아보기로 하자.

일반인을 위한 프로그램 (Public Programs)

(a) 토요가족프로그램 (Family Science Saturdays)

그림 19 루벤에이치플릿 과학관 수업 풍경

매주 토요일오후 1시부터 3시 사이에는 관람객 누구나 "Tinkering Studio"에 모여서 직접 실험물을 만들어 볼 수 있다. 이프로그램을 통해 호기심과 반짝이는 창의성을 발휘해볼 수 있을 것이다.

(b) 토요여학생과학클럽 (Saturday Science Club for girls)

매주 두 번째 토요일 낮 12시부터 오후 2시반 사이에는 초등5~중2 여학생이라면 누구나 참여가 가능하다. 단, 적어도 하루 전에 인터넷이나 전화로 예약을 해야 한다.

(c) 어린 과학자 (Young Scientists)

3~5세 미취학 아동들을 위한 부모와 함께하는 특별한 실험실습체험으로 수, 목, 금, 토요일 9:00a.m~10:30a.m.에 실시하며 이중 하루를 선택하여 참가 할 수 있다.. 한 달 동안 4번을 연속 운영하므로 반드시 예약이 필요하다.

캠프 (Education Camps)

루벤 에이치 플릿 과학센터는 발보아파크(balboa park)와 그 안에 세계적인 규모를 자랑하는 샌디에이고 동물원이 있어 천혜의 교육적인 조건을 갖추고 있기 때문에 아이들이 지루한 방학을 과학과 함께 알차게 보낼 수 있는 훌륭한 환경을 가지고 있다. 그러므로 Summer Camp, Winter Camp, 짧은 봄방학을 위한 Spring Camp도 있으며, 캠프를 이용하고 싶은 기간도 조절 가능하므로 문의와 예약은 필수이다.

3. 과학관에서는 누구와 소통할까

- 관람객과 직접 소통하고 있는 이들을 알아보자

과학관에서는 다른 접객시설과 같이 경영, 현장에서의 운영관리, 인사관리, 광고 및 홍보, 교육프로그램 기획, 이벤트 운영관리 등 모든 관리에 관계되는 이들이 활동하고 있다. 이들 중 과학관과 같이 체험전시가 많은 곳에서 관람객과 직접적으로 소통하는 이들의 역할은 대단히 중요하며, 또 그 소통 여부에 따라 과학관의 본목적의 성공이 좌우된다고 볼 수 있겠다. 이제 과학관에서의 체험전시는 당연시 여겨지고 있고, 그와 더불어 "사람을 통해 보여준다" 라는 개념을 기반으로 전시해설자나 교육담당자, 과학 실현자 등의 역할이 더 중요할 때라 볼 수 있다.

관람객과 소통을 위해 일하는 사람들의 명칭은 과학관에 따라 다르나, 크게 과학커뮤니케이터, 과학에듀케이터, 학예연구사, 과학해설사, 교육강사, 파견강사, 해설사, 자원봉사자, 운영요원 등이 있다. 그 외 도슨트나, 사이언스 캐스터라고 불리는 이도 있다. 어떤 명칭이든 그들의 역할은 과학전시물을 통해 관람객과 과학을 소통시키는 것이다.

관람객과 소통하는 사람들

- 과학커뮤니케이터

과학커뮤니케이터를 이해하기 위해서는 먼저 과학커뮤니케이션에 대한 설명이 필요하다. 1985년 영국의 로얄 소사이티 (Royal Society)가 발행한 보고서 - 과학을 대중에게 이해시키기 위하여(The Public Understanding of Science)- 에 의해 중요시된 사이언스 커뮤니케이션(Science Communication: SC)은 과학을 과학자가 아닌 일반인과 소통한다는 뜻을 담고 있다. 이에 1991년 런던대학 임페리얼 컬리지(Imperial College London)가 대학원 석사과정에서 사이언스 커뮤니케이션 전문가 육성을 시작하면서 사이언스 커뮤니케이션 그 자체가 하나의 연구 분야로 대두되었다. 지금은 사이언스 커뮤니케이션에 관련된 다양한 명칭 - 대중의 과학에 대한 이해(Public Understanding of Science: PUS), 과학기술의 대중관여(Public Engagement in Science: PAWS), 과학 사용능력(Science Literacy)등 - 이 생겨나기도 했다.

사이언스 커뮤니케이션 보급과 인재육성의 일환으로 일본 국립과학박물관에서는 대학과의 파트너 과정으로 "사이언스 커뮤니케이터 양성 실천 강좌"를 실시하여 사이언스 커뮤니케이터를 육성, 배출하고 있다. 그들은 사이언스 커뮤니케이션의 탄생과 발전, 국내외의 사회적 동향, 사이언스 커뮤니케이션의 사고방식에 대해서 배우며, 그것을 근거로 과학계 박물관 및 과학관에 있어서의 사이언스 커뮤니케이션의 특징에 대하여 학습, 토론한다. 일본국립과학박물관에서는 "과학기술을 계속 진보하고 있으며 , 우리는 그 기술을 이용해 생활하고 있다. 그러나 일반사람들에게는 과학기술을 이해하는 것이 쉽지 않다. 인간과 자연, 그리고 과학기술이 공존하는 지속가능한 사회를 육성하기 위해서는, 사람들이 과학기술에 대해 주체적인 생각과 행동을 하는 것이 필요하며 그런 생각과 행동을 할 수 있는 계기를 마련해 주고, 사회가 각양각색인 방면에서 일하는 사람과 과학기술을 연결시켜주는 것이 사이언스 커뮤니케이터"라고 말하고 있다.

일본 국립과학박물관이 인정한 사이언스 커뮤니케이터들의 활동영역은 과학상품 개발, 각 과학관에서의 이벤트 활동, 과학행사의 네비게이터, 사이언스카페 운영 등 과학과 관련된 다양한 활동들이다.

이에 우리나라에서도 과학의 대중화를 목적으로 일하는 사람들 - 생활과학교실강사, 방과 후 과학탐구강사, 과학기자, 과학저술가, 과학 전시물 해설가, 과학연극인 등 - 과 과학기술을 대중과 쉽게 소통시키는 전문가에게 과학 커뮤니케이터라는 명칭을 사용하기도 한다.

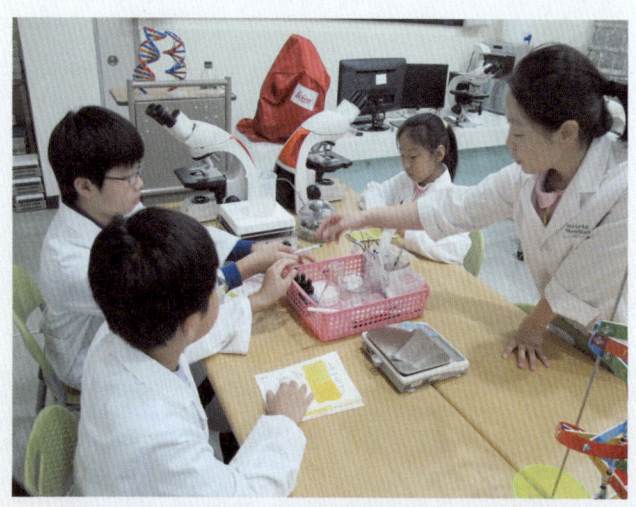

그림 20 과학커뮤케이터: 전시물연계프로그램-꼬꼬마생명과학자

국립과천과학관은 국내 종합과학관 중 가장 많은 과학커뮤니케이터 전문 인력을 수용하고 있다. 2012년 2월 이후 중단되었지만 이들은 일반인과 아이들에게 호기심과 창의력 증진을 위한 순회해설, 심층해설 등 전시물에 대한 해설 서비스를 제공하였다. 이후, 전시물과 연계한 교육프로그램 (꼬꼬마생명과학자, 키즈파일럿, 한방재료를 이용한 천연비누 만들기, 대동여지도 만들기, 한지책 만들기, 내손안의 화석, 아이로봇등)과 도깨비 과학수레 프로그램(극저온의 세계, 색색깔의 방향제 만들기, 매직샌드, DNA칵테일, 양력이야기, 미화석관찰, 사이펀의 원리를 알아보는 계영배)을 기획 및 진행을 담당하며 그 외에도 기획전, 전시관 운영과 관리 보조 역할을 하고 있다.

그림 21 과학커뮤니케이터: 도깨비수레 (국립과천과학관)

국립중앙과학관에서의 커뮤니케이터는 안내, 전시해설, 질서통제등의 역할을 하며 인터넷 예약을 통해 40분, 90분의 전시관 순회해설 서비스를 실시하고 있다. 또한 국립중앙과학관은 2011년 7월 새로운 놀이형 과학체험시설인 '창의나래관'을 오픈하여 운영하고 있다. 기존 전시 프로그램과는 달리 관람객 체험과 실험프로그램을 강화하여 일방적인 해설만 하는 것이 아니라 관람객과 소통을 하는 과학커뮤니케이터가 '쇼앤톡(Show&Talk)'의 시스템을 도입하여 운영하고 있다.

그림 22 과학커뮤니케이터: 과학창의나래관 (국립중앙과학관)

창의나래관 건물은 크게 1층:S그라운드(ScienceGround), 2층:T그라운드(Technologyground) 3층:C그라운드(Creativity ground)로 이루어져

있으며 이 공간에서 과학커뮤니케이터는 전시물에 대한 딱딱한 설명이 아닌 한편의 연극을 보는 것과 같은 흥미로운 장면들을 연출하여 창의나래관을 찾는 관람객으로 하여금 무한한 상상력을 펼치며, 창의력의 날개를 달아주는 과학체험관으로 거듭나고 있다.

2012년 여수세계박람회 해양베스트관에서도 관람객과 소통하는 전시관이 되고자 해양지식을 쉽고, 재미있게 전달해 줄 수 있는 과학커뮤니케이터를 모집하는 등, 앞으로 과학커뮤니케이터는 과학 관련 전시관에서 빼놓을 수 없는 관람객과의 소통을 위한 전문 인력 중 하나이다.

– 큐레이터(Curator)

국립중앙과학관에서만 운영되고 있는 제도이며 전직원로과학자들이 "큐레이터(자문과학자)"라는 명칭으로 관람객에게 심층해설서비스를 제공하고 있다. 큐레이터들은 모두 14명으로 구성되어있으며 일주일에 두 번씩 과학관에 나와 각자 전공에 맞는 전시물에서 관람객들을 맞이하고 있다. 예를 들어 화요일과 토요일에는 생명과학코너에서 생명과학자 출신의 큐레이터로부터 자세하고 흥미진진한 심층설명을 들을 수 있으며 큐레이터의 전공별 시간 배정표는 상설전시관 안내데스크에 자세하게 안내되어있다. 또한 앞으로는 해설뿐만 아니라 간단한 실험을 함께 할 수 있는 방안을 검토 중이다.

그림 23 에듀케이터: 국립중앙과학관

- 과학 에듀케이터(Science Educator)

관람객과의 커뮤니케이션, 즉 소통을 위해서는 여러 가지 방법이 있다. 전시물에 대한 쉽고 재밌는 해설뿐 아니라 과학연극, 뮤지컬, 실험 위주의 시연, 그리고 교과서와 전시물을 연계한 과학교육 프로그램 등이 있다.

과학관에서 과학학예사는 소장품을 연구하고, 다양한 주제로 전시를 기획, 진행하는 일이 주 업무인 반면, 에듀케이터는 과학학예사에 의해 연구된 소장품과 전시물을 다각화하여 다양한 특성을 가진 관람객의 계층별, 학습형태의 눈높이에 맞게 이해와 흥미를 돕기 위한 방안을 연구하고, 교과서나 전시물에 연계된 교육 프로그램과 학습 자료 등을 개발하며 실제로 교육프로그램을 진행하는 일을 하고 있다.

국내 과학관에서는 과학에듀케이터가 활성화된 단계는 아니며, 박물관, 미술관에서는 에듀케이터가 기관에서의 교육 활동에 큰 역할을 담당하고 있다. 한편, 국립과천과학관에서는 2011년 12월, 과학교육 프로그램의 개발 및 안정적 운영을 위하여 사이언스 에듀케이터(SE)를 채용하였고 이들의 주 업무는 주말에 개인 관람객을 대상으로 운영되는 과학탐구교실(60여개의 프로그램 개설)을 운영하는 것이다.

그림 24 과학에듀케이터: 국립과천과학관

- 과학 교육 강사

국내 과학관에서는 주5일 수업제 전면시행에 따라 학생들이 부담 없이 즐기면서 체험학습을 할 수 있는 다양한 주말프로그램을 준비하고 있다. 또한, 학교 밖 과학교육의 일환으로 융합교육, 과학탐구 프로그램을 개설하여 단체로 학생들이 과학관을 방문하여 전시관에서 전시물 관람 및 설명을 듣고 강의동(강의실)에서 교육강사의 강의와 병행된 실험을 통하여 교과연계 과학교육을 진행하고 있다. 과학관에서 일하는 교육강사는 과학 또는 교육학 전공자들로 구성되어 전시물을 연계한 다양한 교육프로그램을 개발하고 지도하고 있다.

예를 들면, 국립중앙과학관에서는 석,박사급 분야별 과학전공자인 전담강사를 선발하여 창의과학체험프로그램의 개발 및 탐구활동지도를 하고 있다. 학기 중에는 전국의 학교단체나 학급 또는 과학동아리의 신청을 받아 지도하고 있으며, 방학 중에는 초 중등학생을 대상으로 개인별 접수를 받아 창의 및 교과 연계 수업을 진행하고 있다.

- 파견교사

국립과학관에서 근무하는 파견교사는 시도교육청에서 파견되어 나온 교사로서, 주말에 이루어지고 있는 과학관 정규 교육프로그램 일부를 담당하고 있다. 과학 교육강사와 협의 후 개발된 교육프로그램을 운영하는 것 이외에도 교과과정과 연계된 수업, 융합교육 등의 연구 활동에도 참여하고 있다.

- 해설사 (도슨트)

최근 정부의 과학전시 활성화 정책에도 불구하고, 여전히 국내의 과학 전시 전문 인력과 기술력, 인프라 부족 등으로 선진국에 비해 그 경쟁력이 많이 떨어진 상태라고 할 수 있다. 그 해결방안으로 국외에서 활성화되어 실행되고 있는 도슨트의 활용방안은 1995년 우리나라에도 도입되었다. 이들은 과학관에 대한 일정 수준의 전문지식과 2개월 이내의 교육과정을 마친 후 현장에서 활동 할 수 있다. 도슨트는 자원봉사로 활동하기 때문에 과학관의 인력과 홍보 및 예산 절감에 기여하고 있다.

국내 종합과학관, 테마과학관에서도 과학해설을 돕는 해설 전담 자원봉사자인 도슨트의 해설을 원하는 관람객의 수가 증가하고 있는

추세이다.

그럼, 도슨트란 무엇일까. 도슨트의 사전적인 의미를 살펴보면, 도슨트(docent)는 '가르치다'라는 뜻의 라틴어 'docere'에서 유래한 용어로 지식을 갖춘 안내인을 말하는데, 1845년 영국에서 처음으로 생기고 난 뒤, 1907년 미국에 이어 세계의 각국으로 확산된 제도이다. 도슨트는 박물관이나 미술관 등에서 일정한 교육을 받고 일반 관람객을 대상으로 전시물 및 전시기획의도 등에 대한 설명을 제공함으로써 전시물에 대한 이해를 돕고자 하는데 목적이 있으며, 본래 과학관에는 도슨트라는 인력은 없었다.

그림 25 해설사 (도슨트)의 모습

- 자원봉사자

과학관에서 자원봉사 조직을 성공적으로 활용하는 것은 과학관 재정에 도움을 줄 뿐 아니라 조직에 활기를 불어넣을 수도 있으며 정규직원을 통해서 기대할 수 없는 뜻밖의 효과를 얻을 수도 있다. 자원봉사자들의 대부분은 과학관의 관람객이나 프로그램 참가자들과 현장에서 직접적으로 대면하게 되는 경우가 많다. 따라서 이들에 의해 과학관의 인상이 결정되기도 한다. 그러므로 과학관에서의 자원봉사 조직은 자발적인 참여를 유도하는 동기부여 프로그램이 필수적으로 선행된 후에 자원봉사 인력들을 현업에 투입시켜야 하며, 이들의 업무 수행과정이 정기적으로 관찰되어야고 시행착오가 드러나는 대로 수정, 보완할 수 있는 체계가 마련되어야 한다.

그림 26 자원봉사자의 모습

교육을 중심으로 하는 과학관의 경우, 자원봉사자들은 관람객들에게 일반적인 설명위주의 교육보다는 자유로운 시간을 가지면서 과학관이 소장하고 있는 소장품들에 대해 흥미를 가지고 자주 접할 수 있게 해야 한다. 자원봉사자들의 활동 영역은 단순 업무와 전문 업무가 있는데 단순 업무는 고객 안전관리, 순찰, 동선관리 등의 단순 노력봉사 위주의 활동을 말하며, 전문 업무는 전문적인 지식과 기술을 기초로 하는 활동을 말한다. 과학해설을 해주는 도슨트의 역할을 하는 자원봉사자는 해설자원봉사자로 단순한 업무 활동을 하는 일반 자원봉사자와 구분된다.

9) 운영요원

과학관에서 운영요원은 전시관 운영의 전반적인 업무를 수행하고 있는 사람이다.

모든 관람객과 직접적인 의사소통을 이루어야하는 과학관에서의 일선종사자라 하겠다. 이들은 전시물, 체험물 외 기타 편의시설 등에 대하여 정확한 정보를 제공하며 용모가 단정하고 식견 있는 태도를 지녀야한다. 또한, 가장 일선에서 종사하는 직원으로서 비상사태에 침착하고 차분하게 대응함으로써 관람객의 안전을 보장하는 역할을 한다.

단순한 안내업무 외에도 전시관 공기 상태 점검, 조명시스템 작동 점검, 체험전시물 작동 점검 등을 해야 한다. 그 외에도 관람객의 요청에 의해 전시물에 대해 간단한 전시해설서비스도 제공하고 있다.

앞서 살펴봤듯이 우리나라 과학관에는 너무 많은 용어들이 존재하고 과학관에 따라 사용하고 있는 용어도 상이하다. 그리고 그들의 역할이 또한 명확히 정해져 있지도 않은 실정이다. 따라서, 과학과 소통을 할 수 있게 도와주는 사람들에 대한 용어 통일과 그들의 역할 정립이 필요하다.

그림 27 국립과천과학관의 운영요원

명칭	역할 및 주요활동내역
과학 커뮤니케이터	전시물 연계 체험형 교육프로그램 기획 및 운영, 과학시연프로그램, 전시관 운영 및 관리, 특별 기획전 준비 및 운영
과학 에듀케이터	교육프로그램 개발 및 운영, 탐구활동지 연구, 교육 강사 및 운영요원 관리
학예연구사	전시관련 자료조사 및 학예연구, 학예연구지 작성, 특별전시전 기획, 학문적 연구 및 해석
교육강사	융합교육, 과학관 전시물 연계 교육프로그램, 과학 탐구프로그램 등 개발 및 운영
파견교사	과학관내의 정규 교육프로그램 운영, 교과과정 연계된 수업 및 융합 교육 등의 연구 활동
해설사 (도슨트)	전시물 및 전시기획의도 등에 대한 설명 (전시물 해설)
자원봉사자	관람객 응대 및 전시관 안내 등의 단순업무는 일반자원봉사자, 해설 및 전시물 소개는 해설자원봉사자로 구분
운영요원	관람객응대, 전시관 조명 및 기계 등의 오작동 점검 등의 전시관 운영의 전반적인 모든 업무 및 전시물과 체험물에 대한 간단한 전시해설서비스 제공

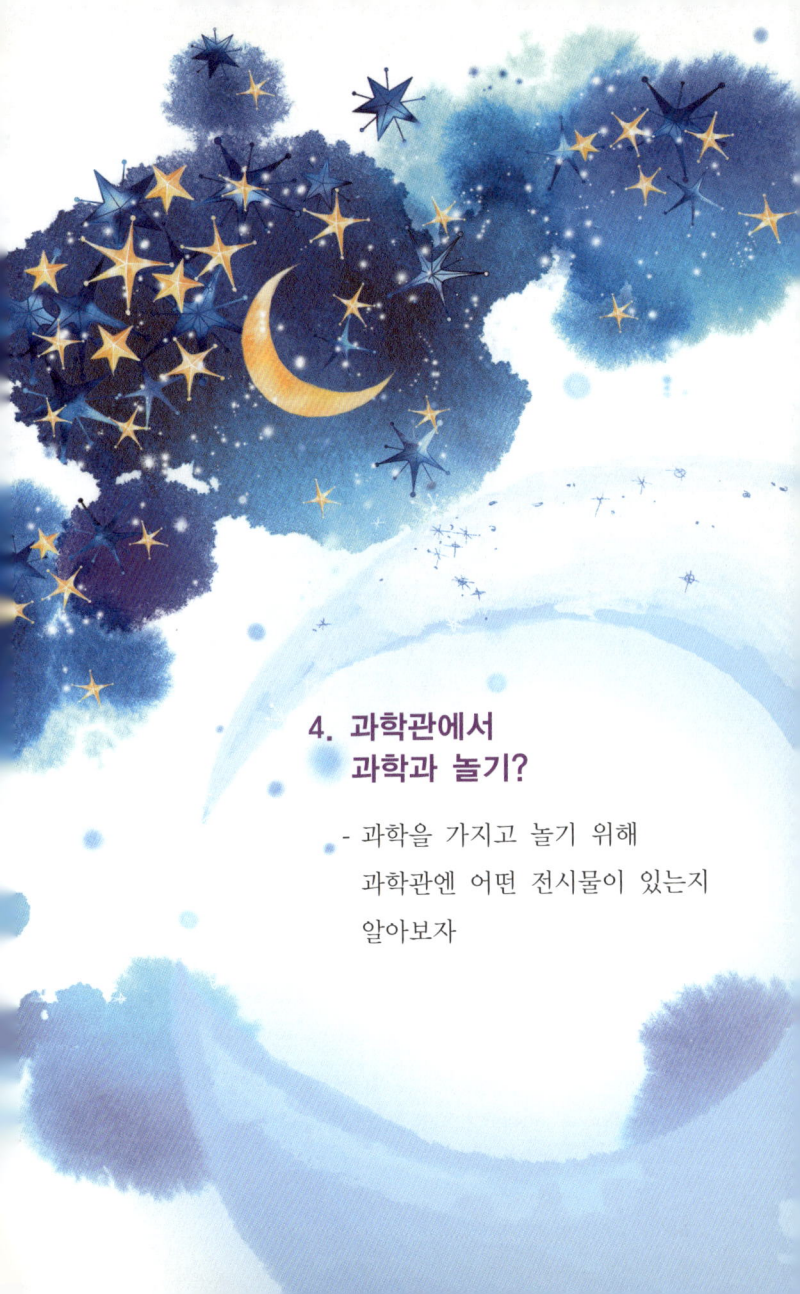

4. 과학관에서 과학과 놀기?

- 과학을 가지고 놀기 위해 과학관엔 어떤 전시물이 있는지 알아보자

과학박물관은 과학자나 기술자의 유품을 전시하고 그 인물이나 그들이 살아온 시대, 사상 등을 소개하는 반면, 과학관은 관람객이 실험장치 등을 직접 작동시켜 과학이나 기술의 원리원칙을 배운다. 즉, 과학관은 과학을 가지고 놀면서 과학을 익히는 공간이라고 말할 수 있겠다.

또한, 과학박물관에서의 전시물은 누가, 언제, 어디에서, 어떠한 목적으로 이용되었는지가 불분명하다면 전시로서의 기능이 불충분하여 일반에게 공개하기 어렵게 된다. 그리고 많은 연구 끝에 얻어진 그들의 자료는 시간이 지나면 지날수록 가치는 올라가게 된다. 반면, 과학관은 과학이나 기술을 취급하는 영역 범위가 넓어, 하나의 실례만으로는 전체적인 이미지를 이해하기에는 어려운 부분도 있지만 전시물 수집이 아닌 전시물 제작이란 행위 안에서 전시물을 자유자재로 만들어 나갈 수 있는 게 특징이다.

하지만, 시간이 지날수록 시대에 맞지 않는 옛날물건이 되어버리거나, 관람객의 반복적인 작동으로 금방 수명을 마치는 경우를 보게 된다. 특히, 우리나라의 체험전시물은 관람객 예절 부재로 인해 관람객과 점점 거리가 멀어지는 현상이 일어나 많이 안타깝다.

과학관에 있는 전시물은 학교 교과과정에 있는 물리, 화학, 생물, 지구과학을 기본으로, 우주나 각종 산업, 전통 등을 주제로 구성되어 있다. 우리나라 과학관만이 아닌 어느 나라의 과학관을 가도 교과과정이 나라에 따라 바뀌지 않는 한 전시관 형태는 비슷할 수밖에 없다. 하지만, 같은 과학의 원리이지만 이것을 어떻게 보여주고 설명하느냐에 따라 그 이해도는 많이 달라지게 된다.

체험(Hands-on) 전시가 과학관에서 가장 먼저 도입이 되면서 체험 = 과학 전시로 인식은 많이 바뀌어 왔지만 아직까지도 우리나라 과학관은 전시물과 관람객 사이의 거리가 멀다. 물론, 이는 좀 전에도 말한 것과 같이 관람객들의 전시물에 대한 예절변화가 없는 한 전시물과 관람객의 거리는 좀처럼 좁혀지지 않겠지만, 관람객을 충분히 이해하면서 거리를 조금이나마 좁힐 수 있는 전시물과 운영방식에 대한 연구는 기획자의 몫이 아닐까 생각한다.

이제 각 과학관에서 과학을 가지고 노는 방법들을 실례를 통해 알아보도록 하자.

오감 전시 ~시각, 청각, 미각, 후각, 촉각~

보고, 듣고, 맛보고, 맡아보고, 만져보는 감각은 인체감각에서 가장 기본이라고 말할 수 있다. 이러한 인체이야기를 들려주는 전시물은 어린이를 대상으로 하는 과학관에서 많이 볼 수 있다.

인천어린이과학관의 인체마을 전시관은 만4세~8세를 대상으로 전시물이 구성되어 있다. 그 안의 오감 골목길에서는 5가지의 과일이 내는 향기를 누가 더 잘 맞추는지 게임을 통한 후각전시, 색깔 공을 찾아보는 시각전시, 각각의 기계에서 나는 소리를 듣는 청각전시, 영상을 통해 신맛, 단맛, 짠맛 등을 느끼는 혀의 위치를 알아보는 미각전시, 사진 속의 동물의 느낌을 구멍 안으로 손을 넣어 느낄 수 있는 촉각전시를 공개하고 있다. 쉬운 놀이를 통해 어린아이에게 감각을 키워줄 수 있는 전시물이라 할 수 있겠다

그림 28 인천어린이과학관 - 오감골목길

그림 29 인천어린이 과학관 - 미각전시

그림 30 인천어린이과학관 - 시각전시

연령대상이 조금 높은 오감 전시는 경기도어린이박물관에서 볼 수 있다. 유아에서 초등학생을 대상으로 한 전시물은 우리의 몸인 심장, 눈, 귀, 코 등 신체 각 기관이 하는 일을 알아보고 우리 몸과 동물의 몸을 비교해 보고 있다. 시각 전시물로는 눈의 안구 안에 직접 들어가서 안구 안에서 바깥세상을 보는 경험을 할 수 있다. 그와 동시에 눈을 통해 느낄 수 있는 과학적 체험인 잔상이나 착시도 함께 경험할 수 있다. 또 동물의 안구로 세상을 들여다보는 경험도 가능하다. 후각전시는 코의 구조와 함께 다양한 향기를 맡을 수 있는 전시물이 공개되어 있다. 외에도, 우리 인체 구석구석을 기능 설명과 함께 보여주고 있다

그림 31 경기도 어린이박물관

그림 32 경기도 어린이박물관 후각전시

그림 33 경기도 어린이박물관 시각전시

일본 사가현립 우주과학관에서도 이와 유사한 전시물을 볼 수 있다. 이 과학관은 어린아이 대상의 전시물이 아니다 보니 조금은 구조적으로 설명을 하고 있다. 청각 전시물에서는 동물의 청각을 설명하고 있다. 귀가 큰 동물인 코끼리와 귀가 긴 토끼의 귀를 통해 귀의 구조에 따라 들려오는 소리가 다르다는 체험을 할 수 있다.

그림 34 사가현우주과학관 청각전시

다음으로는 시각이다. 이 또한 인간의 눈을 통해 세상을 보기보다는 동물의 눈을 통해 세상을 볼 수 있는 기회를 주고 있다. 생선이 되었을 때 수중에서 살아남기 위해 봐야할 시선은 180도, 안구가 작아서 보이는 부분도 좁을 것이란 생각은 오산인 것이다. 개의 눈은 야행성이라고 전해지고 있어, 개의 눈으로 세상을 보면 선명하게 보이지 않는다. 하지만, 개는 눈이 약한 대신에 후각과 청각이 뛰어나다는 사실도 알고 넘어가야 한다. 잠자리 눈은 작은 모자이크 형태로 되어있어 작은 움직임도 놓치지 않는 능력을 가지고 있다.

그림 35 사가현우주과학관 시각전시

마지막으로 후각 전시물은 각각 재료의 향기를 맡기보다는 향을 섞었을 때 어떤 향이 되는지 체험할 수 있는 전시이다. 시나몬+비스켓+사과 = 애플파이 향, 스파이시+레몬 = 콜라향, 마늘버터+석유 = 스테이크 향 등 기본재료 2~4개를 이리저리 섞어가면서 향기를 만들어 갈 수 있다.

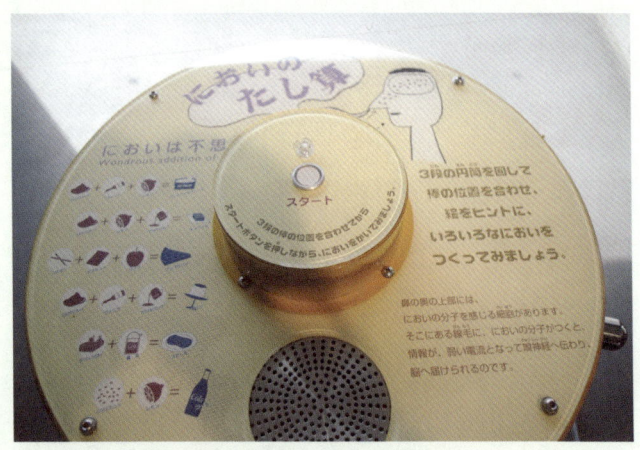

그림 36 사가현우주과학관 후각전시

▶ 천문 전시 ~별자리~

우리가 직접 가보기 어려운 우주, 손으로 만지면서 확인할 수 없는 천문이야기는 어느 과학관을 가도 인기가 많은 분야이다. 특히 하늘의 별자리를 설명할 때 플라네타리움(천체투영기)을 활용하면 더할 나위 없이 효과 만점이다.

국립과천과학관의 천체투영관에서는 거대한 돔스크린에 밤하늘의 모습을 사실과 똑같이 재현하고 있다. 입체적인 스크린 덕분에 눈으로 실제 밤하늘을 바라보는 것처럼 계절별 별자리를 볼 수 있고 이외에도 우주에 관련된 다양한 영상을 시청할 수 있다. 국내의 과학관 및 다수의 천문대가 돔스크린을 보유하고 있으며, 영상프로그램의 단순 재생보다는 해설사가 직접 꼼꼼하게 설명하면서 진행하는 방식이 관람객들의 집중도를 더욱 높여주고 있다.

그림 37 국립과천과학관 천체투영관

일본의 나고야시립과학관의 천체투영관은 세계에서 가장 큰 돔을 보유하고 있다. 지금까지와는 다른 좌석배치와 하이클래스의 안락한 의자는 더할 나위 없이 편하다. 이 천체투영관에 들어가기 위해 주말에는 개관 2시간 전부터 줄을 서는 광경을 과학관이 개관한지 2년 후인 지금까지도 볼 수 있다. 돔 안에서 듣는 하늘이야기는 예쁜 목소리의 나레이션이 아닌 하늘을 직접 연구하고 있는 과학관 연구사의 목소리다. 그들은 어제저녁 과학관에서 올려다본 하늘이야기도 우리들에게 들려준다. 그러면 우린 '나도 어제 하늘을 봤는데...'라는 공감대를 형성하게 되고, 자장가 같은 목소리도 꽤 재미있게 들리기도 한다. 그럼 또 다른 연구사들의 하늘이야기는 어떠한지, 괜히 들어보고 싶기도 하다.

그림 38 나고야시과학관 천체투영관

나고야의 하늘이야기를 연구사의 육성으로 직접 듣고 난 후, 한 층을 내려오면 우주를 보여주는 천문관이 있다. 여기에서의 우주는 내가 현재 서 있는 곳(나고야시과학관)을 중심으로 조금씩 조금씩 우주공간을 향해 나아간다. 과학관 옥상정원에서 시작하여 우주 끝까지 가는 이야기이다. 공간 안에서는 다양한 별자리를 직접 볼 수 있는 장치가 있는데 작은 구멍으로 허공을 보면 LED로 만들어진 별자리를 먼 거리에서, 또는 가까운 거리에서 발견할 수 있다. 이 공간을 기획한 이는 건물의 기둥 문제로 인해 실내공간 안에서 별자리 만들기가 가장 힘들었다고 전할 정도로 아주 세심한 배려가 감동을 받게 한다.

어떤 망원경은 각종 전시물을 피해 전시관 밖의 특정부분(토성 등)을 볼 수 있도록 맞추어져 있어 숨은 그림 찾기를 공간속에서 즐기는 듯한 느낌을 받을 수 있다.

그림 39 나고야시과학관 별자리 전시

과학과 놀기 체험

~코리올리의 방~

 코리올리 효과 (Coriolis Efeect)란 프랑스 물리학자인 코리올리가 발견한 것으로 지표면에서 운동하고 있는 모든 물체는 지구의 자전의 영향을 받아 회전하는 것을 말한다. 물론 지구의 자전에 따른 실질적인 힘이 발생하는 것은 아니나 이러한 코리올리 힘에 의해 운동하는 물체는 지구의 북반구에서는 오른쪽, 그와 반대로 남반구에서는 왼쪽으로 휘는 힘의 영향을 받게 된다.

 국립중앙과학관에서는 가족이나 친구와 함께 코리올리방에 직접 들어가서 체험할 수 있는 전시물이 있다. 어느 정도 떨어져서 마주 보고 앉은 후 상대방에게 공을 굴려본다. 방이 회전하고 있지 않을 때는 상대를 향해 굴린 공이 직진하여 도달하나, 방이 회전하고 있을 때는 상대를 향해 굴린 공이 상대에게 바로 도달하지 않는다. 이렇게 직접 몸으로 체험하면서 공의 진행방향으로 코리올리 힘의 작용을 알아보는 것이다. 물론 체험 후에는 '장거리 미사일이 코리올리의 힘을 받는다던가, 포병들이 쏘는 포탄이 날아갈 때마다 서쪽으로 휜다던가, 우리나라에 상륙하는 태풍이 시계 반대방향으로 회전하며 동해상으로 빠져나가는 현상들이 지구는 코리올리 힘을 받고 있다는 것을 증명한다.' 라는 설명도 부수적으로 듣게 된다. 하지만, 대형 체험전시물인 관계로 운영시간이 정해져 있어 원할 때 바로 체험을 할 수 없다는 점이 조금은 아쉬운 부분이다.

그림 40 국립중앙과학관 코리올리의 방

대구과학교육원에서도 국립중앙과학관과 유사한 체험전시물로서 조금은 작지만 몇몇 아이들이 친구들과 함께 작은 방에 둘러앉아 서로 공을 굴리면서 신나게 체험하는 모습을 볼 수 있다.

그림 41 대구과학교육원 코리올리의 방

미국의 익스플로라토리움에서는 연구원들이 직접 제작한 전시물을 과학관 내에서 많이 볼 수 있는데 콜리올리 현상 또한 제작된 전시물로 선보이고 있다. 테이블 위에 돌고 있는 원 판 위로 서로 공을 굴려보면서 체험을 즐기고 있다.

그림 42 익스플로라토리움 코리올리의 테이블

~ 원심력 자전거 ~

국립중앙과학관을 가게 되면 여러 가지 힘과 운동을 몸소 체험할 수 있는 원심력 자전거를 국내에서 유일하게 체험할 수 있다. 자전거에 몸을 실고 페달을 밟으면 원형 레일을 따라 올라가다가, 잠시 멈추면서 뒤로 다시 떨어진다. 다시 페달을 밟으면 더 높은 곳으로 올라가게 된다. 즉, 페달을 밟으면서 속도를 높이면 운동에너지가 원형레일을 따라 위치에너지로 변환되고 다시 내려오면서 위치에너지가 운동에너지로 변환되기를 반복한다. 이때 자전거와 사람은 아래로 향하는 힘(중력)과 지지대가 자전거를 당기를 힘(구심력)을 받게 되고 자전거에 탄 사람은 구심력과 정반대 방향으로 튀어나가려는 힘(원심력)을 느끼게 된다. 이 원심력은 일직선 운동을 하려는 자전거의 관성이 지지대에 의해 운동방향이 원으로 바뀌면서 발생한다. 자전거에 타고 페달을 힘껏 밟아 자전거를 앞뒤로 움직이다보면 틀림없이 새로운 힘을 느끼게 될 것이다.

그림 43 국립중앙과학관 원심력자전거

~ 태풍체험 ~

국립과천과학관에는 인기 있는 체험관이 몇 개소 있다. 그 중 평일에도 예약이 조기 마감될 정도로 인기 있는 체험관이 태풍체험관이다. 이곳은 초속 25m/sec 비바람을 직접 느낄 수 있는 곳이다. 먼저 기상청에서 근무하다 퇴임하신 도슨트(전시해설) 할아버지로부터 태풍은 어떻게 발생하는지 등에 관한 간단한 지식을 듣게 된다. 그 후 비옷을 입고, 바지는 무릎 위까지 걷고, 양발도 벗고 안으로 들어간다. 태풍중심에서의 풍속은 강한 태풍은 33~44m/sec. 중급 태풍은 25~33m/sec. 인데 여기 과천과학관에서는 중급 태풍을 직접 체험할 수 있다. 이 체험으로 재난에 극복할 수 있는 힘도 길러지지 않을까 한다.

그림 44 국립과천과학관 태풍체험관

~ 극한체험 ~

 일본 나고야시과학관을 방문하게 되면 과천과학관의 태풍체험관과 같이 또 다른 세상을 만날 수 있다. 이곳의 극한체험은 극지란 어떠한 곳이며 어떠한 특색이 있는지, 왜 일부러 극지까지 가서 관측이나 연구를 하는지, 그리고 그들은 어떠한 연구를 하고 있는지를 알 수 있는 공간이다. 영하 30도라는 온도를 직접 체험하면서 오로라영상을 보기도 하고, 얼음 실험이나 얼음의 결정체를 관찰하기도 한다. 실제로 극지에서 가져온 얼음을 직접 관찰할 수도 있고 만져 볼 수도 있다. 체험관에 들어가기 전 우리는 두터운 방한복을 착용하고 몇 개의 방을 거치면서 차츰 차츰 차가운 방으로 향한다. 영하 30도 방으로 들어가면 모든 것이 다 금방 얼어버릴 듯한 추위에 조금은 공포스럽기도 하다.

그림 45 나고야시과학관 극한체험

~ 우주체험 ~

어느 나라 과학관을 가도 가장 인기 있는 테마는 우주가 아닐까 생각한다. 쉽게 다가갈 수 없는 공간이면서도 미래 언젠가는 꼭 갈 수 있으리라는 꿈을 꿀 수 있는 공간이기 때문일 것이다. 특히 우리나라에도 우주인이 탄생 했기에 나 또한 우주인이 되고 싶은 꿈도 실현 가능성이 커졌다.

전남에 위치한 국립 고흥 청소년 우주체험센터를 가면 다양한 우주체험을 할 수 있다. 우주 임무수행장비(MMU-Manned Maneuvering Unit)는 우주공간에서 이동하고 작업하는 상황을 재현하는 체험 훈련 장비이다. 그 장비에 탄 사람은 자신이 직접 3차원 방향으로 조정할 수 있다. MMU의 조종은 우주선과 MMU 관계를 사람의 몸과 팔에 비추어 생각해 본다면 좀 더 쉽게 조종할 수 있다.

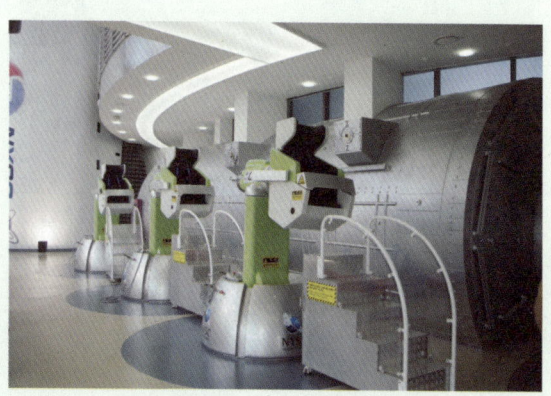

그림 46 국립고흥청소년우주체험센터 MMU

서울과 가까운 국립과천과학관의 첨단기술관 2층을 가도 같은 MMU를 체험할 수 있다. 또한 강화도에 위치한 옥토끼우주센터를 가도 체험이 가능하다.

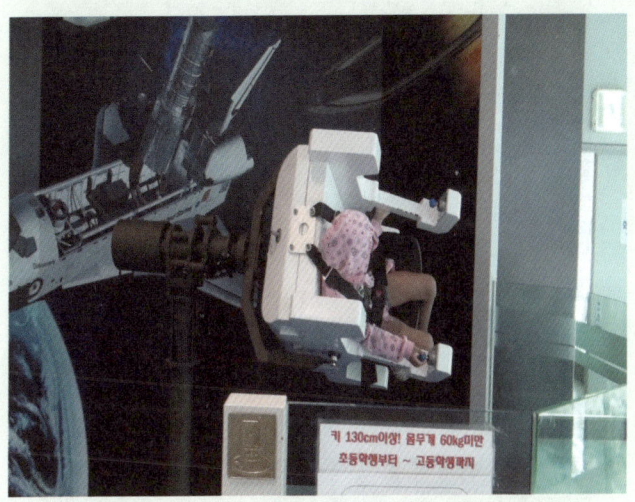

그림 47 국립과천과학관 MMU

달 적응장비 (Moon-Walker) 또한 국립고흥청소년우주체험센터에서 체험할 수 있다. 달표면 중력의 세기는 지구의 1/6로 무중력 상태에서 달 표면의 걸음걸이를 체험할 수 있는 장비가 문워크이다. 용수철을 이용한 이 장비에 올라타면 몸무게가 1/6로 가벼워진다. 중력의 크기에 따른 몸의 작용에 대해 생각해 볼 수 있는 체험물이다. 외국의 우주 과학관을 방문해도 문워크를 경험할 수 있다. 그 외에도 국립고흥청소년우주체험센터에서는 우주귀한 조정장비, 우주정류장 적응장비 5DF, 평형감각 적응장비, 지상통제임무수행장비, 우주왕복선 조종체험 장치를 직접 경험할 수 있다.

그림 48 옥토끼우주센터 MMU

그림 49 사가현우주과학관 문워크

그림 50 국립고흥청소년우주체험센터 문워크

화학 전시 ~ 주기율표 ~

화학을 전시하는 것은 매우 어렵다. 외국의 과학관을 가더라도 화학전시가 가장 부족하고, 대신에 과학실험에서 화학실험을 많이 전달하고 있다. 이렇듯 참가성과 재현성이 있으면서 흥미를 끌어내는 전시방법이 재미있게 나오기 쉽지 않은 분야이지만, 각 과학관에서는 나름 다양한 방법으로 전시를 하고 있다.

화학에 있어 물질을 이해하는 데 있어 가장 기본이 되는 것이 "주기율표"이다. 러시아 화학자 멘델레예프가 원자번호 순서대로 원소를 나열해 가다보면 원소의 성질에 주기성이 있다는 것을 발견하면서 탄생한 것이다. 현재시점에서 118종류의 원소가 국제적으로 인정을 받고 있고, 각 원소를 원자 번호순에 놓고, 더욱 성질이 닮은 원소가 세로로 나란히 서게 배열한 표가 「주기율표」이다. 중, 고등학교 화학에 반드시 나오는 테마로서 많은 과학관에서 전시물로 만들어 놓고 있다.

그림 51 나고야시과학관 주기율표 전시

일본의 나고야 시립과학관에서는 주기율표가 한쪽 큰 벽면을 장식하고 있다. 각 원 안에는 실제 해당 물질을 넣어 보여주고 있어 어떻게 응용되어 물질이 만들어 지고 있는지 함께 알 수 있는 공간이다. 전시물 앞에는 「주기율표 검색」의 터치패널(touch panel)로각 원소에 대해 상세히 조사할 수 있다. 주기율표나 원소명을 가지고 찾고 싶으면 "주기표로부터 알아보기" 또는 "원소명으로부터 알아보기"를 선택하고, 내 몸 안에는 어떤 원소가 있을지 궁금하면 "물건으로 알아보기"를, 할로겐에는 어느 원소가 있는지알고 싶을 때는 "그룹에서 알아보기"를 선택 한다.

그림 52 나고야시과학관 에스컬레이트

그리고, 전시물 외에도 공공시설에 원자번호가 숨어있다. 과학관 사물함 번호를 원자 번호로 대신하여 내 사물함의 원자번호정도는 쉽게 외울 수 있게 도와주고 있고 에스컬레이터를 올라가는 유리 벽면에도 원자번호가 장식글자로 쓰여 있어 다시 한번 복습을 유도하고 있는 듯 하다.

그림 53 나고야시과학관 사물함

물질을 실제로 제시하고 있는 일본의 과학관과는 다르게 대구과학교육원에서는 터치스크린을 이용하여 해당원소에 대한 설명을 제공하고 있다. 전시물보다는 터치스크린에 의존하여 정보를 전달하고 있기에 동시에 여러 관람객과 소통하기에는 조금 문제가 있으나 방대한 양의 정보를 전달할 수 있다는 장점을 지니고 있다.

과천과학관 주기율표는 원자 번호의 연속성을 상징하는 C자 모형의 전시물 속에 터치스크린을 두어 해당 원소를 클릭 시 원소에 대한 정보가 나오며 전시물에는 불이 들어오는 형태로 구성되어 있다. 일본의 과학관이 실물 전시의 패턴을 보인다면 우리나라는 터치스크린을 이용한 키오스크 방식의 전시를 보여주고 있다고 할 수 있겠다.

또한 울산과학관에 있는 주기율표는 아이들이 자동차에 타서 쉽고 재미있는 퀴즈게임을 하면서 이해할 수 있게 도와주고 있다.

그림 54 대구과학교육원 주기율표

그림 55 국립과천과학관 주기율표

그림 56 울산과학관 주기율표

5. 과학관과 함께하는 즐거움

- 다양한 과학관에서의 행사를 알아보자

현대에 이르러 과학에 대한 대중의 관심을 높이는 이슈들이 자주 등장함에 따라 과학관의 역할은 점점 증가하고 있다. 과학관은 일반 대중이 과학을 쉽게 이해하고 의사소통을 할 수 있도록 하기 위해 다양한 프로그램을 개발하고 관람객들에게 양질의 서비스를 제공하고 있다. 과학관에서 운영되고 있는 프로그램을 통해 과학을 직접 체험하는 것이 과학에 흥미를 느끼고 과학을 좋아하게 되는 데 큰 도움이 된다는 것을 알게 되었다. 또한 학생들은 직접 과학 활동에 참여함으로써 과학에 대한 친근감을 높이고, 창의력과 사고력을 배양할 수 있다.

과학관은 과학축제의 장을 마련하여, 학생, 교사, 학부모, 일반 시민이 참여하고 함께 즐겁게 체험하는 역할을 하기도 한다. 과학관에서 열리는 영화제, 공연, 과학체험 부스, 과학 쇼, 과학연극, 각종 이벤트 등의 다채로운 행사에 참여하여 모두가 축제의 즐거움을 만끽해보자. 과학관에서 이루어지는 체험학습활동을 통해 재미있고 흥미로운 내용, 직접 만져 보거나 참여할 수 있는 내용, 혹은, 최근 이슈가 되고 있는 내용들을 학습 할 수 있고, 다양한 특별전시와 기획전시, 교육프로그램들을 통하여 어렵고 재미없다 고 생각되기 쉬운 과학에 흥미와 호기심을 가질 수 있다. 또한, 최신 과학 관련 주제들로 열리는 강연 및 워크숍을 통해 다양한 관람객들과 상호작용하는 기회를 접할 수 있고, 모든 학교의 과학교육과 연계된 교육프로그램을 제공 받을 수 있으며, 과학교사들은 과학관을 활용한 연수를 받아 학생들에게 지도 할 과학교육의 질 향상에 도움을 줄 수 있다.

주 5일제 시행으로 주말을 이용하여 가족 단위로 과학관을 방문하

는 수가 늘어나고 있다. 과학관에서는 가족 중심의 프로그램으로 과학교실, 천체관측, 강연, 공연, 영화, 음악회 등을 운영하면서 가족에 대한 유대감 및 공동체 의식과 협동심을 향상시켜 주기도 하며, 지성과 덕성 그리고 자아를 통합적으로 발달시켜 주기도 한다.

감성적인 변화와 새로운 지식을 습득할 수 있는 기회를 제공하고 있는 과학관에는 어떤 즐거움들이 있는지 알아보자.

과학축제

과학축제는 일반대중의 관심과 흥미를 유발시켜 과학기술에 대한 이해를 촉진시키려는 목적에서 출발하였다. 과학축제는 전시, 시범, 연극, 공연, 강연 등을 통하여 이해하기 어려운 과학기술의 내용을 알기 쉽게 전달하기 위한 프로그램이다. 과학축제는 과학관에서 뿐만 아니라 많은 시,도에서도 개최하고 있다.

국립과천과학관에서도 다양한 과학축제가 개최되고 있는데 창의과학페스티벌에서는 과학의 날 행사, 어린이날 기념행사, 과학 희망 나눔 행사 등이 이루어지고 있고, 국제 SF영상축제에서는 과학song 경연대회, 나만의 로봇 스토리, 영화 상영, 영화 강연, 도전 골든벨, SF 과학 매직쇼 등 다양한 볼거리 제공하고 있다. 해피 사이언스 데이는 과학의 날을 맞이하여 전시물과 연계한 과학체험, 과학의 날 축하공연, 사이언스 매직쇼, 각종 이벤트를 제공하여 딱딱하게 접하기 쉬운 과학을 재미있고 흥미롭게 즐길 수 있는 축제이다.

국립중앙과학관에서 국민이 참여하는 과학기술 체험축제 한마당인 사이언스 데이를 매년 2회 봄, 가을에 개최하고 있다. 사이언스 데이는 과학체험 등 다양한 창의활동의 기회를 제공하는 과학체험부스와 문화행사를 운영하고 있으며, 온 가족이 함께 즐길 수 있는 이벤트 행사도 이루어지고 있다.

그림 57 과학축제

국립서울과학관에서는 매년 과학의 날을 맞이하여 과학 공연, 과학관 퀴즈, 천체관측행사, 과학체험부스, 각종 이벤트 등을 운영하고 있다.

보현사천문과학관에서는 매년 4월 별빛테마와 함께하는 창의적 체험활동으로 별빛축제를 개최한다. 천체망원경 모형 포토존, 블랙홀 및 소행성 성운 3D 입체 체험전, 천문·우주·과학 동영상관 운영 등을 하며 행사 기간 중 보현산 천문대를 개방하는 천문대 연계행사를 추진하고 있다.

부산수산과학관에서는 매년 어린이날을 맞이하여 어린이들과 일반 시민들을 위한 가족놀이 한마당, 과학관 노래자랑, 마술쇼, 어린이 영화 상영, 과학체험부스 등을 운영하고 있다.

이외에도 각 시도교육과학연구원에서는 정기적인 과학축제를 열어 과학에 대한 현상을 직접 체험하게 하여 흥미를 고취시키고 호기심을 갖게 하며, 창의력 및 탐구능력 함양으로 참신한 과학적 상상력을 길러 주어 과학문화를 확산하는 분위기를 조성하고 있다.

과학캠프

과학캠프는 학교에서 이루지고 있는 강의 및 실험 수업과는 다르게 자연 또는 과학관 등에서 이루어 질 수 있는 학교 밖 과학 체험 활동이다. 과학캠프는 과학적 소양을 고취시키고, 창의력을 개발 할 수 있으며, 자신의 생각을 구체적인 행동으로 실천할 수 있는 능력을 길러준다. 그리고 함께 참여하는 학생들과의 협동을 통하여 사회성을 기르고, 과학에 대한 긍정적인 태도와 흥미를 느끼게 된다.

국립과천과학관에서는 과학 나눔 캠프를 운영하여 과학문화체험을 접하기 어려운 사회배려계층 어린이 및 청소년들에게 과학관 관람 기회를 제공하며 미래 과학꿈나무의 희망을 키워주고 있다. 이 캠프에서는 전시관 관람 및 체험활동, 과학공작, 과학 레크레이션 활동,

과학문화공연 등이 이루어지고 있고, 평일과 주말에 운영되며 근거리는 일일캠프, 원거리는 1박 2일 캠프 위주로 진행되고 있다.

그림 58 과학캠프

이 캠프의 주목적은 미래과학꿈나무인 청소년들이 캠프를 통하여 스스로 과학에 대한 흥미를 키우고 과학적 원리를 스스로 습득할 수 있도록 하는데 있다. 이 캠프에서는 주제별 테마에 맞추어진 4개의 프로젝트, 다양한 미션수행 게임을 통해 능동적인 전시관 관람을 유도하는 '과학관 파헤치기', 테마 캠프 기간 동안 배우고 느낀 점을 조별로 패널 작성하여 발표하고 토론하는 융합과학 발표로 구성되어진 'STEAM 캠프'를 체험할 수 있다. 특히 '또래랑 과학관 1박 2일' 프로그램은 매달 실시되고 있으며, 과학관 전시물과 연계한 과학체험활동을 운영함으로써 과학에 대한 열정과 흥미를 키워줄 뿐만 아니라 또래 집단 간의 공감 소통능력을 길러주고 있다. 이 프로그램은 전시관 관람 및 체험, 과학탐구활동, 과학 레크리에이션, 과학문화공연, 과학자의 강연 등으로 구성되어 있다.

국립중앙과학관에서는 전국 청소년을 대상으로 STEAM 과학 프로그램과 팀별 프로젝트 미션을 통해 창의력과 문제해결력, 협동심과 사회성을 향상 시킬 수 있는 여름방학 STEAM 과학캠프(2박 3일)를 운영하고 있다.

보현사천문과학관에서 운영하고 있는 별빛과학캠프는 매월 두 번째 주 토요일에 열리며 800㎜ 천체망원경을 비롯하여, 갖가지 아마추어 천문학자들의 신기한 망원경을 볼 수 있으며, 태양열조리기, 태양열자동차, 태양열전등, 태양열난방, 풍력발전기 등을 관찰하고 직접 제작해 볼 수 있는 기회가 주어진다. 그리고 별빛 나이트 투어는 매월 두 번째 주, 네 번째 주 토요일에 열리며, 다양한 천문과학 프로그램과 온 가족이 함께 하는 천체관측, 우주영화관람, 캠프파이어, 별빛음악회, 별자리 여행 등을 통해 청소년들에게 천문우주에 대한 꿈을 심어주고자 하는 뜻 깊은 취지가 담긴 시간을 가질 수 있다.

예천천문우주센터에서 운영하고 있는 항공우주캠프는 태양 강의 및 관측, 비행원리실험, 플라네타리움 관람, 망원경실습 및 야외관측, 야간관측, 알코올 로켓 실험, 무게중심실험, 우주환경체험, 분광기실습, 천체강의, Deep sky 관측, 레크리에이션, 천체사진촬영, 만들기 등의 프로그램으로 기초(1일), 중급(2일), 고급(3일) 과정으로 운영하고 있다.

과학전시회

과학전시회는 관람객들의 관심을 끄는 과학주제를 진열하고 보여주며 감성적, 교육적 경험을 제공하는 프로그램이다.

국립중앙과학관에서 개최하고 있는 발명품경진대회는 전국의 초·중·고생들에게 과학발명 활동을 통하여 창의력을 계발하여 주고 과학에 대한 탐구심 함양과 어린 나이 때부터 자연을 슬기롭게 이용할 수 있는 힘을 길러주기 위한 과학경진대회로서 매년 8월마다 특별전시를 하고 있다.

과학전람회는 우리나라의 과학기술진흥과 국민 생활의 과학화를 촉진하기 위하여 매년 개최하는 전국대회이며, 자연 현상이나 과학원리에 대한 장기간의 실험실습을 포함한 심도 있는 연구 작품을 대상으로 하는 과학경진대회로서 매년 9월에 특별전시회가 열리고 있다.

과학관 사진 공모전은 전시체험 및 계절의 변화에 따른 사진전을 연 4회 개최하고 있으며 공모주제로는 전시품 분야(전시품, 전시품 체험, 교육 및 행사 체험)와 과학관 전경 및 풍경분야로 실시하고 있다. 이외에도 많은 과학관에서 특별전시회를 열고 있다.

그림 59 과학전시회

공연 및 음악회

 과학관은 과학에 대한 흥미와 호기심을 자극할 수 있는 다양한 공연을 운영하고 있으며, 과학기술을 부드럽고 친근한 음악과 함께 자연스럽고 쉽게 접할 수 있도록 음악회도 개최하고 있다. 국립과천과학관에서는 어린이 뮤지컬, 마술 뮤지컬, 가족 뮤지컬 등이 공연되고 있으며, 국립중앙과학관에서는 정기적으로 토요일에 사이언스 홀에서 실용음악, 국악 한마당, 별이 있는 음악여행 등으로 음악회를 실시하고 있다. 나로 우주센터과학관에서는 찾아가는 사랑의 연주회,

창의 쑥쑥 음악회를 실시하고 있다. 이 외에도 많은 과학관에서 공연 및 음악회와 같은 문화행사가 열리고 있다.

그림 60 과학공연

과학체험학습 프로그램

과학체험학습 프로그램에서는 학교 밖 과학체험활동을 통하여 과학에 대한 흥미를 키우고 과학적 원리를 스스로 습득할 수 있도록 하고 있다. 과학관을 이용한 체험학습은 과학의 개념들을 쉽게 이해시킬 뿐만 아니라 과학학습에 흥미와 호기심을 가지고 실생활의 문제를 과학적으로 해결하려는 정의적인 측면에서의 교육효과를 얻을 수 있다.

국립과천과학관에서 운영하고 있는 창의·인성 과학문화 프로그램은 봄학기와 가을학기로 나누어서 실시하고 있으며 일일현장체험, 주말심화체험, 주제과학탐구 등을 운영하고 있다.

국립중앙과학관에서는 학생들의 학교 밖 창의체험학습 수요를 충족하기 위해 전시품을 활용한 창의체험학습프로그램을 운영하고 있다. 체험활동은 각 전시관 안내데스크에 준비되어 있는 탐구학습지를 배부 받아 전시품을 관람하면서 학습이 이루어진다.

국립서울과학관에서는 학생 및 학부모 대상으로 야생화 및 동식물 관련 부스 체험, 강연 및 탐사, 야생화 관찰을 위한 작물원, 생태학습관을 운영하고 있다. 무주 반딧불이 천문관에서는 매월 천체관측 행사가 있으며, 과학의 날을 맞이하여 과학 공작, 강연, 천체관측 등 특별프로그램을 운영하고 있다. 장영실과학관에서는 외국인 강사와 함께 진행하는 수업으로 다른 나라의 과학수업을 영어로 체험할 수 있다.

각 시도교육과학연구원에서는 특색 있는 프로그램을 운영할 뿐만 아니라 학생과 학부모가 함께하는 가족 단위의 천문교실로서 밤하늘에 대한 호기심 충족과 가족 화합을 증진하며, 천문·우주 과학을 체험할 수 있는 천체교실 프로그램을 운영하고 있다.

주말에 가족과 함께 즐길 수 있는 과학체험학습 프로그램들도 있다. 울산과학관에서는 매주 주말에 사이언스 매직 쇼, 가족과학놀이마당, 과학자초청강연, 해설사와 함께 하는 과학여행, 주말과학체험교실, 토요수학체험마당, 토요발명탐구교실, 달과 별이 들려주는 동화이야기, 음악회, 우주영상체험교실 등을 운영하고 있다. 그리고 관람객을 대상으로 매주 일요일 3층 사이언스 스테이지에서 다양한 주제로 과학놀이마당을 운영하고 있다.

서울과학전시관에서는 과학전시관의 화훼원, 작물원, 생태학습관, 야생화 관찰로, 숲속생태관찰로 주변의 생태에 대한 전문 강사를 초빙하여 해설하며 탐방하는 토요가족생태환경교실 프로그램을 운영하고 있다.

부산교육과학연구원의 녹색과학문화교실은 지역주민과 함께 하는 녹색성장 및 과학관련 프로그램으로 녹색생활실천 마인드 함양을 위한 시민 대상 평생교육센터 역할하고 있으며, 녹색문화반, 생활과학반, 자녀창의교육반 등을 운영하고 있다.

이 외에도 많은 과학관에서 주말에 가족과 함께하는 다양한 프로그램을 개설하여 운영하고 있다.

그림 61 체험학습

찾아가는 과학교실

찾아가는 과학교실은 청소년 또는 일반인들에게 과학에 대한 관심과 흥미를 높이기 위해 운영되고 있는 프로그램이다. 찾아가는 과학교실에는 국립중앙과학관에서 운영하고 있는 과학콘서트 전국투어와 각 시도교육과학연구원에서 운영하고 하는 이동과학교실이 있다. 과학콘서트 전국투어는 국·공·사립과학관의 전시활동과 상호교류를 촉진해 과학문화를 확산하고 청소년의 창의체험활동을 지원하고 있다. 과학관의 아이디어로 제작된 전시품이 전시되고, 다양한 체험프로그램이 운영되고 있으며, 2012년에 경남 함양, 제주, 전남 해남, 국립중앙과학관 등 4개 지역에서 개최되었다. 이동과학교실에서는 소외지역 농어촌 및 소규모 학교에서 과학교구를 활용한 과학수업 및 강연 등을 통해 과학에 대한 호기심을 유발하고 탐구심을 향상시키기 위해 노력하고 있다.

그림 62 찾아가는 과학교실

강연

과학강연은 일정한 주제를 가지고 과학자가 청중 앞에서 강의 형식으로 말하는 것을 의미한다. 강연에서는 과학자가 과학을 재미있게 소개하고 청중은 과학자에게 자유롭게 질문과 답변을 주고받는다.

국립중앙과학관에서 운영하고 있는 주말 저명과학자 초청특강에서는 국내 저명과학자를 초청하여 해당분야에 대한 전문지식과 재미있는 경험을 청소년 및 가족과 함께 소통함으로써 미래진로 설정을 위한 기회를 제공한다. 그리고 과학아카데미 강연에서는 연구소, 대학 등 강사가 이학과 융합분야(인문학, 예술 등)에 대한 주제로 강연을 실시하고 있으며, 매주 주중에 1회씩 운영하고 있다.

부산수산과학관에서는 매월 1, 3주 토요일에 다양한 수산분야의 박사님들로부터 듣는 「재미나는 수산과학 이야기」를 운영하고 있다.

국립서울과학관에서는 연간 24회(월2회)에 걸쳐 우수 과학자의 연구결과 및 최근 연구동향을 쉽고 재미있게 강의하는 프로그램인 토요과학강연회에서 과학첨단연구에 대한 이해와 이공계 진로탐색의 기회를 얻을 수 있다.

대전교육과학연구원에서는 금요과학터치를 운영하면서 국가연구개발사업과 연구개발정책을 납세자인 국민에게 적극 홍보하고, 우수한 연구 성과를 국민과 공유하기 위하여 국가연구개발사업의 성과를 직접 소개함으로써 과학의 대중화를 도모하고 있다.

인천어린이과학관에서는 다양한 분야의 과학자를 초빙하여 어린이의 눈높이에서 알기 쉬운 과학강의를 제공하고, 과학계의 저명한 과학자와의 만남을 주최하여 어린이들의 과학 분야 직업에 대한 바람직한 인식형성과 과학적 호기심을 충족시킬 수 있는 프로그램을 제공한다.

전통과학대학 및 과학문화재 탐방

전통과학대학은 전통과학, 역사, 문화에 관심 있는 일반인을 대상으로 전통과학, 역사, 문화를 이해하기 쉽도록 시청각 교재를 이용하여 강의하며, 배웠던 내용을 과학기술유산 탐방으로 직적 확인할 수 있는 내용으로 진행하는 프로그램이다.

국립중앙과학관에서는 16주 과정으로 12회 강의, 4회 과학문화재 탐방을 실시하고 있다. 과학문화재탐방은 가족과 함께 선조들의 창의력 현장 체험에 직접 참여하여 과학문화유산에 담긴 조상의 슬기와 창의성을 체험할 수 있는 프로그램이다. 2012년에는 고인돌 축조기술 체험, 석빙고의 장빙원리 체험, 고분축조기술 체험 등의 교육내용으로 운영되었다.

교사연수 프로그램

창의·인성을 강화하는 교육정책의 도입으로 초·중·고 학생들의 학교 밖 과학체험활동이 활성화 되고 있다. 과학관에서는 이러한 취지로 교사대상으로 다양한 연수프로그램을 개발하여 운영하고 있다.

국립과천과학관에서는 전시물과 학교 교과과정을 연계한 과학교육을 위한 교사 직무연수과정을 운영하고 있다. 각 과정별로 연수 내용,

연수시간, 일정, 개설일시가 다르며 주로 방학 중에 실시하고 있다.

국립중앙과학관에서는 과학교사를 대상으로 과학관을 활용한 창의적 체험활동 지도방법에 대한 교육과정을 개설하여 과학관을 활용한 학교 밖 체험활동 지도방법에 대한 교사연수를 실시하고 있다. 이외에도 각 시도교육과학연구원에서는 교사들을 위한 실험연수, 영재교육연수 등 직무연수과정을 운영하고 있다.

과학관이 학교 밖 과학교육의 중요한 장으로서 역할을 다하기 위해서는 과학관을 활용한 과학 학습 지도에 관심이 많은 교사들이 서로의 아이디어를 공유하고 정보를 지속적으로 교환할 수 있도록 하는 계기를 제공할 필요가 있다.

프로그램명	장소	프로그램 내용
과학축제	국립과천과학관 (http://sciencecenter.go.kr/)	창의과학 페스티벌, 국제 SF영상축제 해피 사이언스 데이, 수학문화축전
	국립중앙과학관 (http://www.science.go.kr/)	사이언스데이(science day) 국제청소년과학창의대전(KISEF)
	국립서울과학관 (http://www.ssm.go.kr/)	과학의 날 행사
	보현사천문과학관 (http://www.boao.re.kr)	별빛축제
과학캠프	국립과천과학관 (http://sciencecenter.go.kr/)	과학나눔 캠프, 과학문화 STEAM캠프 또래랑 과학관 1박 2일
	국립중앙과학관 (http://www.science.go.kr/)	STEAM 과학 프로그램
	보현사천문과학관 (http://www.boao.re.kr)	별빛과학캠프, 별빛 나이트 투어
	예천천문우주센터	항공우주캠프

프로그램명	장소	프로그램 내용
	(http://www.portsky.net/)	
과학전시회	국립중앙과학관 (http://www.science.go.kr/)	발명품경진대회, 과학전람회 과학관 사진 공모전
공연 및 음악회	국립과천과학관 (http://sciencecenter.go.kr/)	어린이 뮤지컬, 마술뮤직컬, 가족뮤지컬
	국립중앙과학관 (http://www.science.go.kr/)	실용음악, 국악 한마당, 별이 있는 음악여행
과학체험 학습	국립과천과학관 (http://sciencecenter.go.kr/)	창의·인성 과학문화 프로그램 일일현장체험, 주말심화체험, 주제과학탐구
	국립중앙과학관 (http://www.science.go.kr/)	창의체험학습프로그램
	국립서울과학관 (http://www.ssm.go.kr/)	생태학습관
찾아가는 과학교실	국립중앙과학관 (http://www.science.go.kr/)	과학콘서트 전국투어
	각도 시도교육과학연구원	이동과학교실
강연	대전교육과학연구원 (http://www.des.re.kr)	금요과학터치
	국립중앙과학관 (http://www.science.go.kr/)	저명과학자 초청특강, 과학아카데미 강연
	국립서울과학관 (http://www.ssm.go.kr/)	토요과학강연회
전통과학 대학 및 과학문화재 탐방	국립중앙과학관 (http://www.science.go.kr/)	과학문화재 탐방
교사연수 프로그램	국립과천과학관 (http://sciencecenter.go.kr/)	전시물과 학교 교과과정을 연계한 과학교육
	국립중앙과학관 (http://www.science.go.kr/)	과학관을 활용한 창의적 체험활동 지도방법
	각 시도교육과학연구원	실험연수, 영재교육연수 등 직무연수과정 운영

마치며

 과학과 놀자. 라고 하면 이과를 전공하지 않는 이들에게는 아주 어려운 숙제와 같은 느낌일 것이다. 아니면 어쩔 수 없이 거쳐야할 교과과정에서 아이들에게 좀 더 쉽게 그 과정을 넘길 수 있는 수단이라고도 생각할 수 있을 것이다. 어떤 기업의 과학프로젝트 광고를 보면, 예전의 아이들의 꿈은 과학자가 많았지만 지금은 똑같은 연예인을 꿈꾸는 아이들이 많아졌다고, 그러나 기업은 아직도 과학자가 많이 필요하다고 끝맺음을 한다. 그 광고를 보는 아이들은 그래도 연예인이 되기를 열망할 것이고, 부모들은 자신의 아이들이 과학자가 되기를 바랄 것이다. 이렇듯 아직도 과학은 어려운 관문이고 좀 더 대중에게 가까이 가기 위해서는 과학관이 더 많은 노력을 해야 하지 않을까 한다.

 과학관에 오는 관람객은 뭔가 색다르고 재미있는 체험을 원하고 있고 또한 그런 체험이 가능할 것이라고 기대하고 있다. 자극이 많은 현대사회에서는 동물이나 돌 표본을 눈으로 보는 것만으로는 절대 만족하지 않는다. 그보다는 더 깊은 감동과 두뇌회전의 즐거움이 필요하다.

 여대생들에게 지난 일 년 동안 과학관을 가본 적이 있는지 물어보면 99%의 대부분의 여대생들은 가본 적이 없다고 대답한다. 물론 전공에 따라 다를 수 도 있겠지만 과학관은 주말의 데이트코스로는 생각되지 않는 것이다. 우리들이 외국여행을 갈 때도 그 나라의 박물관과 미술관정도는 관광코스에 들어가지만 과학관은 좀처럼 관광코스에 들어가지 않는다. 하지만, 가까운 일본의 과학관에만 가도 우리나라와 가장 다른 풍경은 다정한 연인들의 모습이다. 주말 아침부터 그들은 과학관에서 영화를 관람하듯 별자리를 관람하고 유원지에서 이것저것 체험하듯 과학을 체험한다. 또 어떤 지역에서는 온천에 머물면서 저녁에는 과학관에서 먼 밤하늘과 우주를 감상하기도 한다. 과학관도 로맨틱한 데이트 장소로 손색없는 곳이라고 느끼는 순간이다.

이 책은 마치 유원지 안내서와 같은 과학관의 소개서이다.

2009년 공주대학교 과학관학과 대학원과정이 신설되면서 짧다면 짧은 시간이지만 대학원 과정의 학생들과 함께 과학관에 대해 많은 이야기를 해 왔고, 많은 과학관을 방문했다. 하지만 그들과 함께 과학관 이야기를 나눌 때 마다 참고가 될 만한 문헌과 자료가 너무나 부족했었기에 미흡하나마 우리들이 알고 있는 과학관의 지식과 체험 설명을 여기에 어렵지 않게 담아보기로 했다. 우리 주변에 있는 과학관이 즐길만한 곳인지 어떤지에 대해서는 이 책을 보면서 여러분이 판단할 부분이겠지만 또한, 이 책을 시작으로 해서 더 많은 과학관 이야기를 더 많은 사람들과 나누고 싶다. 여러분이 이 책을 읽고 해주는 문제 제기와 또 다른 의문점들은 더욱 발전된 과학관으로 향하기 위한 큰 한걸음이 될 것이다.

이 책을 함께 만든 이
공주대학교 대학원 과학관학과 대학원생:
윤 보경, 이 난희, 고 찬휘, 박 종육, 주 유라
객원교수 김 혜련

과학관의 이해

2012년 12월   일 인쇄
2012년 12월   일 발행

저 자 정 기 주
발행인 서 만 철
발행처 공주대학교 출판부
충남 공주시 공주대학로 56
☎ (041) 850-8752

인 쇄 정우커뮤니케이션즈
☎ (042) 636-1630

ISBN 9788987018683 03500
정가 19,000원

등록번호 제5호

잘못 만들어진 책은 교환해 드립니다.